工业和信息化
精品系列教材

Vue.js
前端开发框架应用

（微课版）

董宁 江平 / 主编

胡佳静 李唯 / 副主编

罗保山 / 主审

Front-end Development Framework
Application with Vue.js

人民邮电出版社
北京

图书在版编目（CIP）数据

Vue.js前端开发框架应用：微课版 / 董宁，江平主
编. -- 北京：人民邮电出版社，2024.5
工业和信息化精品系列教材
ISBN 978-7-115-63658-4

Ⅰ. ①V… Ⅱ. ①董… ②江… Ⅲ. ①网页制作工具－
程序设计－高等职业教育－教材 Ⅳ. ①TP392.092.2

中国国家版本馆CIP数据核字(2024)第023569号

内 容 提 要

本书深入浅出地介绍 Vue.js 前端开发框架应用相关的技术，主要包括 Vue.js 基础、数据绑定、指令、事件处理、样式绑定、组件、路由、渲染方法等，逻辑严密，实例丰富，内容翔实，可操作性强。本书还包含两个实战项目——"待办事项"和"大学生志愿者服务"，帮助读者更深入地理解 Vue.js 框架在项目开发中的应用。

本书可作为职业院校计算机相关专业的教材，也可作为 Web 前端开发人员的参考书，还可以作为计算机相关课程的培训教材。

- ◆ 主　编　董　宁　江　平
　　副主编　胡佳静　李　唯
　　主　审　罗保山
　　责任编辑　初美呈
　　责任印制　王　郁　焦志炜
- ◆ 人民邮电出版社出版发行　　北京市丰台区成寿寺路 11 号
　　邮编　100164　　电子邮件　315@ptpress.com.cn
　　网址　https://www.ptpress.com.cn
　　北京市艺辉印刷有限公司印刷
- ◆ 开本：787×1092　1/16
　　印张：14.75　　　　　　　　2024 年 5 月第 1 版
　　字数：330 千字　　　　　　　2025 年 1 月北京第 2 次印刷

定价：59.80 元

读者服务热线：(010)81055256　印装质量热线：(010)81055316
反盗版热线：(010)81055315
广告经营许可证：京东市监广登字 20170147 号

前言 FOREWORD

前端开发在 Web 应用项目中的地位越来越重要，前端技术的发展日新月异，近年来涌现出一系列优秀的前端开发框架，Vue.js 框架则是其中的佼佼者之一。Vue.js 是目前主流的一种按照 MVVM 模式开发的支持双向数据绑定等功能的前端开发框架。熟练掌握 Vue.js 框架的使用已成为前端开发人员的必备技能。

本书介绍的 Vue.js 前端开发框架应用相关的技术，不仅包含 Vue.js 框架的各种概念和理论知识，而且用两个完整的实战项目对 Vue.js 框架在项目开发中的应用进行详细的讲解。全书知识点系统连贯，逻辑性强，重难点突出，利于组织教学，在内容安排上注意承上启下，由简到繁，循序渐进地讲解 Vue.js 框架的应用技术，从开发环境的安装配置到路由的应用、从独立的知识点到完整项目的开发都进行详细阐述，每章都配有完整的案例。

本书共 10 章，第 1~5 章为 Vue.js 的基础应用篇，不涉及 Vue.js 项目构建的内容；第 6~8 章为 Vue.js 的高级应用篇，所有案例都采用构建方式开发；第 9、10 章为 Vue.js 的实战篇。具体内容如下。

第 1 章主要讲解 Vue.js 的基础、特点和开发环境，同时介绍 MVVM 模式以及如何使用 Vue.js 创建 MVVM 模式的 Web 前端应用。

第 2 章主要讲解 Vue.js 的模板语法、选项式 API 中的计算属性和方法。

第 3 章主要讲解 Vue.js 指令的概念、指令的基本使用方法以及使用不同指令绑定元素实现的特殊功能。

第 4 章主要讲解 Vue.js 使用 v-on 指令监听事件的方法，以及 watch 选项的使用方法。

第 5 章主要讲解 Vue.js 中绑定 CSS 样式和内联样式的方法。

第 6 章主要讲解 Vue.js 中组件构建与使用的方法。

第 7 章主要讲解 Vue.js 中如何引入 Vue Router 实现客户端路由。

第 8 章主要讲解如何使用 Vue.js 提供的渲染函数，实现 HTML 文档的创建。

第 9、10 章引入两个实战项目——"待办事项"和"大学生志愿者服务"，加深读者对 Vue.js 在项目开发中的应用的理解。

本书由董宁、江平担任主编，胡佳静、李唯担任副主编，罗保山担任主审，董宁统编全书。

读者朋友在阅读本书的过程中，如果觉得有疑问或不妥之处，请与编者（dong.ning@qq.com）联系，以帮助我们修正与完善，编者将不胜感激。

编者

2023 年 6 月于武汉

目录 *CONTENTS*

基础应用篇

第 4 章

Vue.js 事件处理 ······· 61

第 5 章

Vue.js 样式绑定 ······· 81

高级应用篇

第 6 章

Vue.js 组件 ······· 99

实战篇

基础应用篇

第1章
Vue.js基础

01

本章导读

　　Vue.js 是按照 MVVM 模式开发的支持双向数据绑定等功能的前端开发框架，读者可以从本章中了解到 Vue.js 的基础、特点和开发环境，同时，本章将介绍 MVVM 模式以及如何使用 Vue.js 创建 MVVM 模式的 Web 前端应用。

本章要点

- Vue.js 的基础与特点
- Vue.js 的开发环境
- 使用 Vue.js 创建 MVVM 模式的 Web 前端应用

1.1 Vue.js 简介

1.1 Vue.js 简介

Vue.js（简称 Vue，发音为/vjuː/，类似 view）基于标准超文本标记语言（Hypertext Markup Language，HTML）、串联样式表（Cascading Style Sheets，CSS）和 JavaScript 开发，为了高效开发 Web 页面，它提供了一套声明式的、组件化的 JavaScript 框架。

1.1.1 Vue.js 基础

Vue.js 是一个前端开发框架，其功能覆盖了前端开发的大部分需求，同时考虑到前端开发的多样化和规模上的差异，Vue.js 在设计时就把"具有灵活性"和"可逐步集成"作为必须满足的需求。

根据不同的应用场景，Vue.js 有不同的使用方式，如直接在增强静态的 HTML 页面中引入、在 HTML 页面中作为网页组件（Web Component）嵌入、开发单页应用（Single-Page Applications，SPA）、全栈与服务端渲染（Server-Side Render，SSR）、静态站点生成（Static-Site Generation，SSG）、桌面端与移动端开发等。

Vue.js 属于"渐进式框架"，采用"自底向上、增量开发"的设计方式。Vue.js 的核心库只关注视图层，便于使用者学习以及整合第三方库或现有项目。所谓"渐进式框架"指的是 Vue.js 只提供了核心的组件系统和双向数据绑定，没有额外的功能。Vue.js 的使用者不需要完全掌握其开发生态的全部内容，专注于当前任务即可；对于新的功能需求，可以放到后续步骤中去逐渐熟悉和使用。"自底向上、增量开发"这个概念主要描述的是设计方式，其思路是，首先做好基础框架，再逐渐扩充内容，完善功能和效果。

Vue.js 最初发布于 2014 年。Vue.js 经历了 0.x 版本阶段（2014 年 2 月—2015 年 10 月）、1.x 版本阶段（2015 年 10 月—2016 年 9 月）、2.x 版本阶段（2016 年 9 月—2020 年 9 月），3.x 版本阶段（2020 年 9 月—本书出版时）。不同的 Vue.js 版本在构建和编码上有较大的差异，本书将专注于介绍 Vue.js 3.x 的应用，并默认读者对 HTML、CSS 和 JavaScript 的知识已基本熟悉。

1.1.2 Vue.js 的特点

Vue.js 是一款基于数据驱动思想设计并开发的前端框架，它有众多突出特点，主要特点有以下几个。

Vue.js 是基于 MVVM 模式设计的、用于构建用户 Web 页面的、渐进式的前端开发框架，提供双向数据绑定和一个可组合的组件系统，具有简单灵活的应用程序接口（Application Program Interface，API），学习曲线平缓，易于上手。

Vue.js 采用 MVVM 模式实现"双向数据绑定"的核心功能，使用者可以使用简洁的模板语法将数据声明式渲染整合进文档对象模型（Document Object Model，DOM）。

Vue.js 采用虚拟 DOM 的方式渲染 HTML 页面，实现了前端、后端分离的开发方式。Vue.js 与页面的交互主要通过内置指令来完成，指令的作用是当表达式的值改变时将相应的行为应用到

DOM 上。

Vue.js 支持单文件组件（Single-File Components，SFC）即*.vue 文件，能够将一个组件的模板、逻辑与样式封装在兼容 HTML 的单个文件中。

Vue.js 实现的重点在视图层，具备实现复杂的单页面应用的能力。

Vue.js 能够非常方便地与其他前端库进行有效整合。

1.2 Vue.js 的获取与使用

Vue.js 本质上是开源的 JavaScript 库，其源代码可以在主流的开源托管平台网站上获取。Vue.js 的源代码版并不能直接在项目中引用，它的发布版才能直接在项目中引用。根据不同的使用方式，Vue.js 的获取方式也分为几种，包括在页面上以内容分发网络（Content Delivery Network，CDN）包的形式导入，下载 JavaScript 文件并自行托管，使用 npm 安装它并使用官方的命令行界面（Command-Line Interface，CLI）来构建一个项目。

本节将以不同的使用方式为例来介绍 Vue.js 的获取与使用。

1.2.1 Vue.js 开发环境

在实际前端项目开发中，需要使用代码编辑工具、前端项目管理与构建工具。本书使用的代码编辑工具为 Visual Studio Code，前端项目管理与构建工具为 npm。

1.2.1 Visual
Studio Code 的
安装与配置

1. Visual Studio Code 的安装与配置

Visual Studio Code 是一款跨平台的代码编辑工具，集成了现代编辑器应该具备的全部特性，包括语法高亮、可定制的热键绑定、括号匹配等，其对版本管理工具 Git 也提供了原生的支持。Visual Studio Code 支持编写多种编程语言和文件，截至目前，已可支持 Markdown、Python、Java、PHP、HTML、JSON、TypeScript、CSS、JavaScript 等多种编程语言。

Visual Studio Code 提供了插件市场（Extensions Marketplace），可以根据不同的编写需求安装插件，支持新的功能。根据 Vue.js 项目编写需要，下面将一步步介绍如何安装 Visual Studio Code 并配置易用且高效的 Vue.js 项目开发环境。

首先是 Visual Studio Code 的下载与安装，其所有版本都可以在官方网站直接下载，根据操作系统选择对应的版本下载并安装，打开后可以看到图 1-1 所示的界面。本书选用的是 Visual Studio Code x64，系统环境为 Windows 10。

Visual Studio Code 是一款通用型代码编辑工具，默认安装后可以通过插件配置其功能。根据 Vue.js 项目开发需要，推荐安装的插件有 "Chinese(Simplified)(简体中文)" "Live Server" 和 "Vue Language Features(Volar)"。

运行 Visual Studio Code，在保证计算机正确访问互联网的情况下，单击圈（Extensions）图标，如图 1-2 所示。

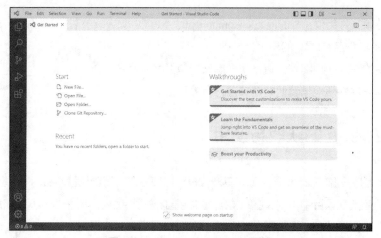

图1-1　Visual Studio Code 界面

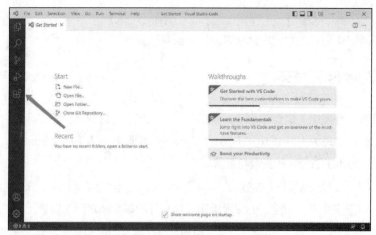

图1-2　单击 Extensions 图标

打开插件市场，如图 1-3 所示。

图1-3　打开插件市场

在插件市场的搜索框里分别输入要安装的插件的关键字，如"简体中文""Live Server"和"Volar"。输入"Volar"关键字搜索插件得到的结果如图 1-4 所示。

图 1-4 输入"Volar"关键字搜索插件

单击查看搜索到的条目，确定是否是我们需要的插件，确定无误后，单击插件页面的"Install"（安装了简体中文插件后显示的是"安装"）按钮即可安装插件。本书推荐安装的插件有"Chinese(Simplified)(简体中文)""Live Server"和"Vue Language Features(Volar)"，插件对应截图如图 1-5～图 1-7 所示。

图 1-5 "Chinese(Simplified)(简体中文)"插件

图 1-6 "Live Server"插件

图 1-7 "Vue Language Features(Volar)"插件

上述插件全部安装完成后，关闭 Visual Studio Code 再重新运行，插件就会自动启动，软件界面文字已自动切换为简体中文，再单击 Extensions 图标可看到已安装并启用的 3 个插件，如图 1-8 所示。

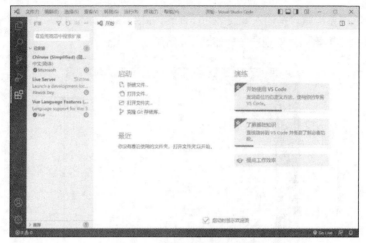

图1-8　插件安装完成并启用

2. npm 的安装与配置

1.2.1　npm 的安
装与配置

　　npm 是 Node Package Manager 的缩写，它是一个软件包管理器，主要负责管理 JavaScript 库。通过 npm，程序员可以很方便地管理 JavaScript 库的下载和版本，也可以把自己开发的 JavaScript 库共享给其他使用者。相对来说，npm 对于 JavaScript 语言的作用相当于 Maven 对于 Java 语言的作用或 pip 对于 Python 语言的作用。

　　因为 npm 是 Node.js 的一个组件，所以在使用 npm 之前，必须安装 Node.js。在 Node.js 官方网站的首页可以下载到安装包，如图 1-9 所示。

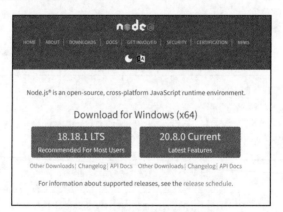

图1-9　Node.js 官方网站的首页

　　以 Windows 10 操作系统为例，下载标注了"LTS"的版本并安装，安装过程中注意勾选自动安装所需工具选项，如图 1-10 所示，其他保留默认设置即可。

　　Node.js 安装完成后，打开 Windows 命令行工具，输入下列命令。

```
npm -v
```

　　命令执行后如果有 npm 的版本号输出，如图 1-11 所示，则表示 Node.js 已成功安装，npm 也可运行。

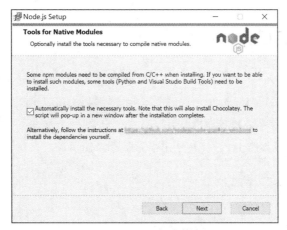

图 1-10　Node.js 安装选项

```
D:\>npm -v
8.12.1
```

图 1-11　显示 npm 版本

虽然已经正确安装 npm，但在不做任何配置的情况下，用它来安装 JavaScript 库的速度是很慢的，因为 npm 默认使用的是国外的服务器，直接使用的访问速度很慢。为了让 npm 使用起来更稳定、更高效，还需要做一些初始的配置。

首先，在计算机中添加两个目录，分别命名为 "node-cache" 和 "node-global"，用来指定 npm 的缓存路径和全局存放路径。以存储在计算机 D 盘根目录的文件夹为例，在 Windows 命令行工具输入下列命令。

```
npm config set prefix "D:\node-global"
npm config set cache "D:\node-cache"
```

然后，设置 npm 的服务器地址为阿里巴巴公司提供的国内镜像，输入下列命令。

```
npm config set registry https://registry.npmmirror.com
```

执行完成后，再通过查看命令结果确认 npm 现在的配置是否正确，执行命令如下。

```
npm config list
```

输出结果如图 1-12 所示。

```
D:\>npm config list
; "builtin" config from C:\Program Files\nodejs\node_modules\npm\npmrc

; prefix = "C:\\Users\\dn\\AppData\\Roaming\\npm" ; overridden by user

; "user" config from C:\Users\dn\.npmrc

cache = "D:\\node-cache"
prefix = "D:\\node-global"
registry = "https://registry.npmmirror.com/"

; node bin location = C:\Program Files\nodejs\node.exe
; cwd = D:\
; HOME = C:\Users\dn
; Run `npm config ls -l` to show all defaults.
```

图 1-12　npm 配置

至此，"cache" "prefix" 和 "registry" 都设置成了指定的值，Vue.js 的开发环境已全部安装并配置完成。

1.2.2　以直接引入方式使用 Vue.js

1.2.2　以直接引入
方式使用 Vue.js

Vue.js 本质上是一个 JavaScript 库，可以直接通过<script>标签在 HTML 中引用。引用 Vue.js 时一般选择其全局构建版，可以从公开的 CDN 直接引用 Vue.js 或下载到本地计算机再引用 Vue.js。

【案例 1-1】以直接引入方式使用 Vue.js。

```
01    <!DOCTYPE html>
02    <html lang="en">
03    <head>
04        <meta charset="UTF-8">
05    <meta name="viewport"
                 content="width=device-width, initial-scale=1.0">
06    <title>Document</title>
07    <script src="vue.global.js"></script>
08    </head>
09    <body>
10        <div id="app">{{ msg }}</div>
11        <script>
12            const { createApp } = Vue
13            createApp({
14                data() {
15                    return {
16                        msg: '引用 Vue.js'
17                    }
18                }
19            }).mount('#app')
20        </script>
21    </body>
22    </html>
```

【代码说明】

第 05 行代码通过<script>标签，从公开的 CDN 引入了最新的 Vue.js 3.x。

第 09 行代码通过<div>标签定义了一个 id 值为"app"的层元素，双层花括号"{{ }}"是 Vue.js 框架专用的模板语法，双花括号内的"msg"为数据绑定对象。

第 11 行代码从全局对象 Vue 获取 createApp 方法，该方法用于创建 Vue.js 应用。

第 13～17 行代码通过定义 data 方法返回具体数据。

第 15 行代码定义的 msg 属性对应第 09 行代码定义的数据绑定对象 msg，从而实现将数据内容渲染到页面中指定的元素上。

第 18 行代码通过 mount 方法绑定 id 值为"app"的层元素。

【案例 1-1】运行结果如图 1-13 所示。如果不想从 CDN 直接引用 Vue.js，可以预先把 Vue.js 的库文件保存到本地，然后从本地引用。

图 1-13　直接引入 Vue.js 到 HTML 页面

1.2.3　以构建方式使用 Vue.js

Vue.js 支持使用构建工具来创建项目，构建工具能够实现单文件组件等直接
引入无法实现的功能。Vue.js 3.x 官方的构建流程是基于 Vite 这个构建工具的。

构建 Vue.js 项目需要使用 Windows 命令行工具，所需的软件环境已在本章
1.2.1 小节介绍。进入需要放置项目的文件夹后，执行下列命令即可创建 Vue.js
项目。

1.2.3　以构建方式
使用 Vue.js

```
npm init vue@latest
```

第一次执行上述命令时，会有是否安装"create-vue@latest"的提示，选择同意（y）即可。初学
阶段，创建项目时所有初始配置都可以保留默认值，以在 D 盘根目录创建项目为例，整个创建过程
如图 1-14 所示。

```
D:\>npm init vue@latest
Need to install the following packages:
  create-vue@latest
Ok to proceed? (y) y

Vue.js ~ The Progressive JavaScript Framework

√ Project name: ... vue-project
√ Add TypeScript? ... No / Yes
√ Add JSX Support? ... No / Yes
√ Add Vue Router for Single Page Application development? ... No / Yes
√ Add Pinia for state management? ... No / Yes
√ Add Vitest for Unit Testing? ... No / Yes
√ Add Cypress for both Unit and End-to-End testing? ... No / Yes
√ Add ESLint for code quality? ... No / Yes

Scaffolding project in D:\vue-project...

Done. Now run:

  cd vue-project
  npm install
  npm run dev
```

图 1-14　以构建方式创建 Vue.js 项目

项目创建后，使用 Visual Studio Code 打开项目文件夹，可以看到整个目录结构，如图 1-15 所示。

图 1-15　Vue.js 目录结构

从命令行工具进入新创建的项目的根目录，运行项目前首先需要在根目录中安装项目依赖库，
执行如下命令完成安装。

```
npm install
```

然后，通过如下命令可启动开发服务器，并将当前项目部署进去。

```
npm run dev
```

执行命令后可以看到图 1-16 所示的提示。如果要关闭开发服务器，可以使用组合键"Ctrl+C"。

图 1-16　开发服务器运行提示

通过浏览器访问提示中的地址 http://localhost:3000/，可看到图 1-17 所示的浏览结果。

图 1-17　Vue.js 初始项目

至此，以构建方式创建并运行 Vue.js 项目的过程已全部完成，默认生成的项目结构比较复杂，在后面的章节中将会有详细介绍。

1.3　MVVM 模式与 Vue.js 应用

1.3.1　双向数据绑定

1.3　MVVM 模式与
Vue.js 应用

　　双向数据绑定指的是数据模型和视图之间的双向绑定。在 Web 前端开发中，视图指的是 HTML 页面，数据模型指的是保存在 JavaScript 对象中的数据。

　　实现双向数据绑定指的是，当数据模型发生变化时，视图也会发生变化；当视图被更改时，数据模型也会同步更新。也就相当于，用户在视图上的修改会自动同步到数据模型中，数据模型的更改（如从服务器获取了新数据）也会同步更新到视图中。

　　Web 前端开发实现双向数据绑定的优点在于：在页面表单交互较多的场景中，用户在前端页面完成输入后，不用额外操作，就能从数据模型中访问用户输入的表单数据；同样，从服务器获取数据、更新数据模型后，前端页面也能随之更新。对于开发人员来说，如果能实现双向数据绑定，在表单交互较多的开发场景中可以简化大量与业务无关的代码。

1.3.2 MVVM 模式

模型-视图-视图模型（Model-View-ViewModel，MVVM）代表了一种软件开发的架构模式，其核心是实现 View（视图）和 Model（数据模型）之间的双向数据绑定，可以使某一方数据更新时自动传递到另一方。

在 MVVM 模式下，View 和 Model 之间并没有直接的联系，而是通过 ViewModel 进行交互，Model 和 ViewModel、ViewModel 和 View 之间的交互是双向的，因此 View 中数据的变化会同步到 Model 中，而 Model 中数据的变化也会立即反映到 View 上。

ViewModel 通过双向数据绑定把 View 和 Model 连接了起来，而 View 和 Model 之间的同步工作完全是自动的，无须人为干涉。因此开发者只需关注业务逻辑，无须关注 View 和 Model 之间的数据同步问题。

1.3.3 创建 MVVM 模式的 Web 前端应用

Vue.js 是按照 MVVM 模式开发的支持双向数据绑定等功能的前端开发框架，它的核心是实现了 ViewModel，使得 View 和 Model 之间能够实现双向数据绑定。

在 Web 前端开发中，使用 Vue.js 库可以快速实现基于 MVVM 模式的应用开发，具体案例如下所示。

【案例 1-2】创建 MVVM 模式的 Web 前端应用。

```
01  <div id="app">
02      <input type="text" placeholder="请在此输入……" v-model="msg">
03      <p>文本框内容: {{ msg }}</p>
04  </div>
05  <script>
06      const { createApp } = Vue
07      createApp({
08          data() {
09              return {
10                  msg: null
11              }
12          }
13      }).mount('#app')
14  </script>
```

【代码说明】

本案例直接引用 Vue.js，此处给出的是 HTML 页面<body>标签之间的代码。

第 02 行代码通过 v-model 指令把{{ msg }}和文本框绑定在一起。

第 07 行代码使用 createApp 创建 Vue 实例。

第 08 行的 data 方法返回包含 msg 的对象，即 Model。

第 13 行代码 mount 方法绑定 id 值为"app"的层元素，即 View。这样，{{ msg }}和文本框只要有一方数据更新，另一方也会同时更新。

运行结果如图 1-18 所示。

图 1-18　MVVM 模式的 Web 页面

本章小结

Vue.js（简称 Vue）是一款用于 Web 前端开发的 JavaScript 框架，截至本书完稿时其最新稳定版本为 v3.x。Vue.js 是目前应用最广泛的 JavaScript 框架之一，也是 Web 前端领域发展最快的框架，不管是小型网站还是大型网站的开发，Vue.js 框架都能胜任。Vue.js 框架具备门槛低、易上手、人性化、效率高等特点，有丰富的第三方控件支持，可以实现项目的"短、平、快"开发，框架的定位明显契合时代的主流需求。

本章主要介绍了 Vue.js 框架的基础和特点，还介绍了如何获取 Vue.js 框架与如何将其引入 Web前端项目中，最后简要说明了 Vue.js 所支持的 MVVM 模式和双向数据绑定。

习　题

1-1　什么是 Vue.js？

1-2　简述 MVVM 模式。

1-3　分别使用直接引入方式和构建方式创建 Vue.js 项目并运行。

第2章
Vue.js数据绑定

02

本章导读

　　每一个框架都有其专属的语法和规则，本章将详细介绍 Vue.js 的模板语法。Vue.js 是一套响应式系统，Vue.js 3.x 中的数据是基于 JavaScript Proxy（代理）实现响应式系统的。通过学习插值语法、属性绑定、双向数据绑定，读者可以深入了解响应式系统的特点。除了数据绑定，本章还将介绍 Vue.js 的选项式 API 中的方法（methods）和计算属性（computed），两者非常相似，但是也有关键的区别，它们分别适用于不同的场景。Vue.js 的生命周期让我们可以在不同的阶段使用 Vue.js 执行特定的操作。

本章要点

- 模板语法
- 响应式声明渲染机制
- 属性绑定与双向数据绑定
- 方法（methods）与计算属性（computed）
- Vue.js 生命周期

2.1 模板语法

2.1 模板语法

　　Vue.js 使用一种基于 HTML 的模板语法，所有的 Vue.js 模板在语法层面上都是合法的 HTML 文档，可以被符合规范的浏览器和 HTML 解析器解析。

　　Vue.js 使用模板语法可以将声明式的数据绑定呈现到 DOM 上。在底层机制中，Vue.js 会将模板编译成高度优化的 JavaScript 代码。结合响应式系统，当应用状态变更时，Vue.js 能够智能地推导出需要重新渲染的组件的最少数量，并应用最少的 DOM 操作。模板语法包括插值、文本、表达式、属性绑定、指令等方面的内容，本节将介绍插值、表达式等。

2.1.1 插值

　　最基本的数据绑定形式是文本插值，它使用的是"Mustache"（大胡子）语法（即双花括号）。具体案例如下。

【案例 2-1】通过插值语法绑定数据。

```
01  <!DOCTYPE html>
02  <html lang="en">
03    <head>
04      <meta charset="UTF-8" />
05      <title>2-1</title>
06      <script src="https://unpkg.com/vue@3"></script>
07    </head>
08    <body>
09      <div id="app">
10        <!-- 插值语法: Mustache 语法 -->
11        <h2>{{ msg }}</h2>
12        <h2>日期: {{ year }}{{ month }}</h2>
13        <p>作者: {{ author }}</p>
14      </div>
15      <script>
16        const { createApp } = Vue;
17        createApp({
18          data() {
19            return {
20              msg: "青春筑梦, 强国有我",
21              year: "2023 年",
22              month: "3 月",
23              author: "<small>信息学院</small>",
24            };
25          },
26        }).mount("#app");
27      </script>
28    </body>
29  </html>
```

【代码说明】

第 20 行～23 行代码中，data 方法返回了一个对象，这个对象中定义了 4 个数据，分别是 msg、year、month 和 author。

第 11 行～13 行代码中，4 个 Vue.js 数据通过插值语法分别绑定在 h2、p 元素中，4 个双花括号标签会被替换为相应组件实例中 msg、year、month、author 属性的值。

注意：双花括号会将数据解析为纯文本，而不是 HTML。如果需要浏览器解析标签，需使用 v-html 指令，该指令将在第 3 章中介绍。

运行结果如图 2-1 所示。

图 2-1　通过插值语法绑定数据

2.1.2　表达式

Vue.js 模板中除了可以绑定简单的属性名，还支持完整的 JavaScript 表达式。具体案例如下。

【案例 2-2】使用表达式绑定数据。

```
01    <!DOCTYPE html>
02    <html lang="en">
03     <head>
04      <meta charset="UTF-8" />
05      <title>2-2</title>
06      <script src="https://unpkg.com/vue@3"></script>
07     </head>
08     <body>
09      <div id="app">
10        <!-- 插值语法: Mustache 语法 -->
11        <h2>我的年龄是: {{ age }}</h2>
12        <!-- 表达式 -->
13        <h2>我哥哥的年龄是: {{ age + 10 }}</h2>
14        <h2>所在城市: {{ info.split("-") }}</h2>
15        <!-- 三元运算符 -->
16        <h2>{{ age >= 18? "成年人": "未成年人" }}</h2>
17      </div>
18      <script>
19        const { createApp } = Vue;
20        createApp({
21          data() {
```

```
22          return {
23            age: 18,
24            info: "中国-武汉",
25          };
26        },
27      }).mount("#app");
28    </script>
29  </body>
30 </html>
```

【代码说明】

第 23 行、24 行代码，分别定义了 age 和 info 两个数据。

第 13 行、14 行、16 行代码通过插值语法绑定的值为表达式。这些表达式都会被作为 JavaScript 代码，以当前组件实例为作用域解析执行。

运行结果如图 2-2 所示。

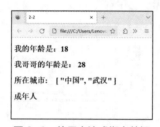

图 2-2　使用表达式绑定数据

在 Vue.js 模板内，JavaScript 表达式除了可以被应用在插值中，还可以应用在其他场景中，例如 Vue.js 指令中、属性绑定中，后面将会介绍。每个数据绑定仅支持单一表达式，也就是一段能够被求值的 JavaScript 代码。但是后面的写法是无效的：{{ var age = 20 }}、{{ if (age) { return info} }}。因为双花括号里面是一条语句而不是一个表达式。

2.2　响应式声明渲染机制

Vue.js 是一个响应式系统，当 Vue.js 中的数据发生改变时，视图中的数据会自动更新。

2.2　响应式声明
渲染机制

2.2.1　响应式声明渲染机制简介

响应式声明渲染是 Vue.js 操作数据的模式，也被称为响应式渲染。在 Vue.js 中，数据模型是普通的 JavaScript 对象，当视图层中的 DOM 节点绑定了这个对象时，如果这个对象的属性发生了任何改变，无须进行其他操作，页面上对应的数据会自动发生变化（即更新）。这就是响应式渲染。

响应式声明渲染主要包括声明响应式状态和声明方法。具体案例如下。

【案例 2-3】声明响应式状态。

```
01  <!DOCTYPE html>
02  <html lang="en">
03    <head>
```

```
04        <meta charset="UTF-8" />
05        <title>2-3</title>
06        <script src="https://unpkg.com/vue@3"></script>
07      </head>
08      <body>
09        <div id="app">
10          <h2>count 的值是：{{count}}</h2>
11        </div>
12        <script>
13          const { createApp } = Vue;
14          const app = createApp({
15            data() {
16              return {
17                count: 1,
18              };
19            },
20          });
21          const vm = app.mount("#app");
22        </script>
23      </body>
24    </html>
```

【代码说明】

第 17 行～19 行代码中，data 方法中定义了数据 count，它被绑定在 h2 元素中，显示 count 的值为 1。当我们在控制台输入代码"vm.count＝2"时，视图中 count 的值自动变为 2，即数据被更新了。

运行结果如图 2-3 和图 2-4 所示。

图 2-3　声明响应式状态

图 2-4　声明响应式状态改变数据后

Vue.js 的工作原理是当一个普通的 JavaScript 对象传给 Vue.js 实例的 data 选项时，Vue.js 会遍历此对象的所有属性，追踪这些属性的变化，并把变化的数据渲染进 DOM。因此，响应式渲染的前提是 Vue.js 对象默认有这些属性存在。如果给 Vue.js 对象新增一个属性，那么这个属性是不会做响应式渲染的，如果要把这个属性变为响应式渲染的模式，需要使用$set 方法。

【**案例 2-4**】声明方法。

```html
01    <!DOCTYPE html>
02    <html lang="en">
03      <head>
04        <meta charset="UTF-8" />
05        <title>2-4</title>
06        <script src="https://unpkg.com/vue@3"></script>
07      </head>
08      <body>
09        <div id="app">
10          <p>{{showInfo()}}</p>
11          <button @click="increment">{{count}}</button>
12        </div>
13        <script>
14          const { createApp } = Vue;
15          createApp({
16            data() {
17              return {
18                name: "Jack",
19                count: 0,
20              };
21            },
22            //定义方法
23            methods: {
24              showInfo() {
25                return "hello," + this.name;
26              },
27              increment() {
28                this.count++;
29              },
30            },
31          }).mount("#app");
32        </script>
33      </body>
34    </html>
```

【**代码说明**】

第 23 行代码中的 methods 是一个对象，包含 Vue.js 中定义的一个或多个方法。

第 24 行~26 行代码定义了方法 showInfo。Vue.js 自动为 methods 中的方法绑定了永远指向组件实例的 this 关键字，"this.数据名"可以使用数据的值。定义 methods 时不应该使用箭头函数，因为箭头函数没有自己的 this 指向上下文。

第 27 行~29 行代码定义了方法 increment，将 count 数量加 1。

第 10 行代码在插值语法中调用方法 showInfo，显示该方法的返回值。

第 11 行代码在插值语法中使用数据 count，该按钮绑定事件 increment，每单击按钮一次，按钮上的数字加 1。

运行结果如图 2-5 所示。

图 2-5　声明方法

2.2.2　Vue.js 属性绑定

Vue.js 可以将数据响应式地绑定到一个 HTML 属性上。这时不能使用双花括号，也不能直接使用数据，而应该使用 v-bind 指令，关于指令的内容将在第 3 章详细介绍。具体案例如下。

【案例 2-5】Vue.js 属性绑定。

```
01  <!DOCTYPE html>
02  <html lang="en">
03    <head>
04      <meta charset="UTF-8" />
05      <title>2-5</title>
06      <script src="https://unpkg.com/vue@3"></script>
07    </head>
08    <body>
09      <div id="app">
10        <!-- title 属性绑定数据 -->
11        <h1 v-bind:title="title">标题</好>
12        <!-- 简写: 语法糖 -->
13        <h1 :title="title">标题</h1>
14      </div>
15      <script>
16        const { createApp } = Vue;
17        createApp({
18          data() {
19            return {
20              title: "Vue 的标题",
21            };
22          }
23        }).mount("#app");
24      </script>
25    </body>
26  </html>
```

【代码说明】

第 11 行代码中，元素 h1 的 title 属性绑定了 Vue.js 的数据 title，值为"Vue 的标题"。如果 title 的值发生改变，则这个元素的 title 属性也随之发生变化。

运行结果如图 2-6 所示。

图 2-6　Vue.js 属性绑定

2.2.3　Vue.js 双向数据绑定

Vue.js 可以通过 v-model 指令实现双向数据绑定，即当数据发生变化时，视图随之更新，同样，当视图变化时，数据也会同步变化。支持双向数据绑定是 Vue.js 的特点之一。具体案例如下。

【案例 2-6】Vue.js 双向数据绑定。

```
01    <!DOCTYPE html>
02    <html lang="en">
03      <head>
04        <meta charset="UTF-8" />
05        <title>2-6</title>
06        <script src="https://unpkg.com/vue@3"></script>
07      </head>
08      <body>
09        <div id="app">
10          <input type="text" v-model="country" />
11          <p>{{country}}</p>
12        </div>
13        <script>
14          const { createApp } = Vue;
15          createApp({
16            data() {
17              return {
18                country: "China",
19              };
20            },
21          }).mount("#app");
22        </script>
23      </body>
24    </html>
```

【代码说明】

第 10 行代码通过 v-model 指令将 Vue.js 中的数据 country 绑定到表单文本框的值上。

第 11 行代码通过插值语法绑定数据 country。

在浏览器的文本框中输入值"中国"时，下方显示的"China"也会改变为"中国"。也就是说，当改变视图中文本框的值时，它对应的绑定数据 country 也随之发生了变化，即视图改变了数据。

运行结果如图 2-7 和图 2-8 所示。

图 2-7　Vue.js 双向数据绑定

图 2-8　修改视图中文本框的值后

2.3　Vue.js 计算属性

2.3.1　计算属性

Vue.js 的模板可以直接通过插值语法显示 data 中的一些数据，也可以使用表达式作为值，但是在模板中放入太多的逻辑会让模板过重和难以维护。如果多个地方都使用到相同的逻辑，还会产生大量重复的代码。解决这个问题的一种方式是将逻辑抽取到一个方法中，但是这种做法有一个直观的弊端，就是所有的 data 使用过程都会变成对方法的调用。Vue.js 给我们的另外一种解决方法是使用计算属性 computed。computed 也是组件实例中的一个选项，具体案例如下。

2.3　Vue.js 计算属性

【案例 2-7】计算属性。

```
01  <!DOCTYPE html>
02  <html lang="en">
03    <head>
04      <meta charset="UTF-8" />
05      <title>2-7</title>
06      <script src="https://unpkg.com/vue@3"></script>
07    </head>
08    <body>
09    <div id="app">
10      <h2>图书是否有库存: {{bookCount}}</h2>
11    </div>
12    <script>
13      const { createApp } = Vue;
14      createApp({
15        data() {
16          return {
```

```
17          books: ["美丽中国", "建设社会主义文化强国", "教育强国战略 "],
18           };
19         },
20         // 计算属性
21         computed: {
22          bookCount() {
23            // this 指向当前组件实例
24            return this.books.length > 0 ? "Yes" : "No";
25          },
26         },
27       }).mount("#app");
28     </script>
29   </body>
30 </html>
```

【代码说明】

第 21 行代码的 computed 是一个对象，包含 Vue.js 中定义的一个或多个计算属性。

第 22 行~25 行代码定义了一个计算属性 bookCount。计算属性看起来是一个函数，这里根据三元运算符判断 books 数组长度是否为 0，结果返回"Yes"或者"No"。

第 10 行代码通过插值语法绑定计算属性 bookCount 的值，在使用时 bookCount 不需要加()。

运行结果如图 2-9 所示。

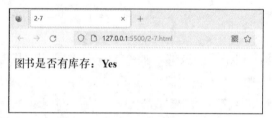

图 2-9   计算属性

【案例 2-8】计算属性的 setter 和 getter。

```
01 <!DOCTYPE html>
02 <html lang="en">
03   <head>
04     <meta charset="UTF-8" />
05     <title>2-8</title>
06     <script src="https://unpkg.com/vue@3"></script>
07   </head>
08   <body>
09     <div id="app">
10       <h2>图书是否有库存: {{bookCount}}</h2>
11     </div>
12     <script>
13      const { createApp } = Vue;
14      createApp({
15       data() {
16         return {
17        books: ["美丽中国", "建设社会主义文化强国", "教育强国战略 "]
18          };
```

```
19              },
20              // 计算属性
21              computed: {
22                bookCount: {
23                  // getter
24                  get: function () {
25                    return this.books.length > 0 ? "Yes" : "No";
26                  },
27                  // setter
28                  set: function (newValue) {
29                    // 设置值
30                  },
31                },
32              },
33            }).mount("#app");
34          </script>
35        </body>
36      </html>
```

【代码说明】

第 22 行代码中，计算属性 bookCount 是一个对象，【案例 2-7】中的写法是计算属性的简写形式。

第 24 行代码可以通过计算属性对象中的 getter 方法返回值，这个值就是简写形式中计算属性的返回值。

第 28 行代码中，计算属性对象也提供一个 setter 方法用来设置新值。一般计算属性默认只有 getter 方法，所以可以使用简写形式。

运行结果如图 2-10 所示。

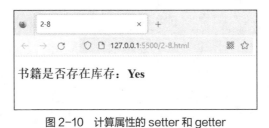

图 2-10　计算属性的 setter 和 getter

2.3.2　计算属性与方法的区别

计算属性是有缓存的，当其依赖的数据没有发生变化时，计算属性不需要重新进行计算。只有当依赖的数据发生变化时，计算属性才会重新进行计算。具体案例如下。

【案例 2-9】计算属性与方法的区别。

```
01      <!DOCTYPE html>
02      <html lang="en">
03        <head>
04          <meta charset="UTF-8" />
05          <title>2-9</title>
06          <script src="https://unpkg.com/vue@3"></script>
07        </head>
```

```
08    <body>
09     <div id="app">
10       <!-- 使用计算属性 -->
11       <h2>{{totalprice}}</h2>
12       <h2>{{totalprice}}</h2>
13       <h2>{{totalprice}}</h2>
14       <!-- 使用方法 -->
15       <h2>{{getTotal()}}</h2>
16       <h2>{{getTotal()}}</h2>
17       <h2>{{getTotal()}}</h2>
18       <button @click="price=100">修改商品单价</button>
19     </div>
20     <script>
21       const { createApp } = Vue;
22       createApp({
23         data() {
24           return {
25             price: 30,
26             amount: 5,
27           };
28         },
29         computed: {
30           totalprice() {
31             console.log("计算属性执行了一次");
32             return this.price * this.amount;
33           },
34         },
35         methods: {
36           getTotal() {
37             console.log("方法执行了一次");
38             return this.price * this.amount;
39           },
40         },
41       }).mount("#app");
42     </script>
43    </body>
44  </html>
```

【代码说明】

第 11 行～13 行代码使用插值语法绑定计算属性 totalprice 的值，通过单价"price"和数量"amount"计算总价格。在控制台中，"计算属性执行了一次"只输出了一次，也就是说这个计算属性只执行了一次。因为使用计算属性时三次的单价和数量都没有发生变化，计算属性会使用缓存而不会重新计算总价格。

第 15 行～17 行代码使用插值语法绑定了方法 getTotal 的值，同样也是通过单价"price"和数量"amount"计算总价格。在控制台中，"方法执行了一次"输出了 3 次，也就是说这个方法执行了 3 次。

第 18 行代码中，按钮绑定了一个事件。当在浏览器中单击这个按钮，改变商品单价时，计算属性只会重新计算一次，而方法要计算 3 次。

我们会发现，无论是从直观上还是从效果上，计算属性对这个案例来说，都是更好的选择。计算属性使数据结构更清晰，适用于数据需要经常更新且性能开销比较大的计算。通过计算属性的缓存可以减少计算次数，提高性能。

运行结果如图 2-11 和图 2-12 所示。

图 2-11　计算属性与方法的区别

图 2-12　计算属性与方法的区别：单击按钮后

2.4　Vue.js 生命周期

2.4.1　Vue.js 生命周期图解

在生物学上，生命周期指的是一个生物体从生命开始到结束所历经的一系列过程。在 Vue.js 中，每个组件从创建开始都可能需要经历挂载、更新、卸载等一系列过程。在这些过程中的某一个阶段，开发人员可能想要添加一些特定的代码，Vue.js 提供了组件的生命周期函数，可以实现这一需求。生命周期函数是一些钩子函数（回调函数），在某个时间点会被 Vue.js 源代码内部回调，让开发者在组件的生命周期中可以编写属于自己的代码。Vue.js 生命周期图解如图 2-13 所示。

2.4　Vue.js 生命周期

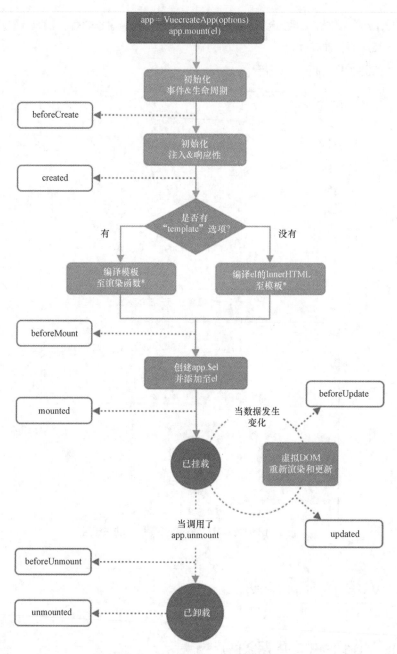

图 2-13　Vue.js 生命周期图解

2.4.2　Vue.js 生命周期详解

Vue.js 生命周期主要分为以下几个阶段。

beforeCreate：在实例初始化时同步调用。

created：在实例创建成功后调用。

beforeMount：组件挂载到节点上之前执行的函数。

mounted：组件挂载完成之后执行的函数。

beforeUpdate：组件更新之前执行的函数。

updated：组件更新完成之后执行的函数。

beforeUnmount：组件卸载之前执行的函数。

unmounted：组件卸载完成之后执行的函数。

我们可以利用这些钩子函数在合适的时机执行业务逻辑。具体案例如下。

【案例 2-10】Vue.js 生命周期。

```
01  <!DOCTYPE html>
02  <html lang="en">
03   <head>
04    <meta charset="UTF-8" />
05    <title>2-10</title>
06    <script src="https://unpkg.com/vue@3"></script>
07   </head>
08   <body>
09    <div id="app">
10     <h2 ref="self">{{msg}}</h2>
11     <button @click="msg='hello world'">修改 msg</button>
12    </div>
13    <script>
14     const { createApp } = Vue;
15     const app = createApp({
16      data() {
17       return {
18        msg: "hello Vue",
19       };
20      },
21      beforeCreate() {
22       console.log("实例创建之前");
23       console.log(this.msg);
24      },
25      created() {
26       console.log("创建之后");
27       console.log(this.msg);
28      },
29      beforeMount() {
30       console.log("挂载之前");
31       console.log(document.querySelector("#app").innerHTML);
32      },
33      mounted() {
34       console.log("挂载之后");
35       console.log(document.querySelector("#app").innerHTML);
36      },
37      // 单击修改按钮，看变化
38      beforeUpdate() {
39       console.log("更新之前");
40       console.log(document.querySelector("#app").innerHTML);
41      },
42      updated() {
43       console.log("更新之后");
```

```
44            console.log(document.querySelector("#app").innerHTML);
45          },
46          // 在控制台调用方法 app.unmount 卸载实例，看变化
47          beforeUnmount() {
48            console.log("卸载之前");
49            console.log(document.querySelector("#app").innerHTML);
50          },
51          unmounted() {
52            console.log("卸载之后");
53            console.log(document.querySelector("#app").innerHTML);
54          },
55        })
56        app.mount("#app");
57      </script>
58    </body>
59  </html>
```

【代码说明】

第 23 行代码中，实例创建之前，控制台输出 msg 的结果是 undefined。

第 27 行代码中，实例创建之后，控制台输出 msg 的结果是"hello Vue"。

第 31 行代码中，实例挂载之前，控制台输出 div 元素的内容为空。

第 35 行代码中，实例挂载之后，控制台输出 div 元素的内容包含 h2 元素和 button 元素。

第 40 行代码中，在单击修改按钮前，控制台输出的是更新前的数据"hello Vue"。

第 44 行代码中，在单击修改按钮后，控制台输出的是更新后的数据"hello world"。

第 49 行代码中，在控制台调用方法 app.unmount 卸载实例，控制台输出的是实例卸载之前 div 元素中的完整内容。

第 53 行代码中，实例卸载之后，控制台输出 div 元素的内容为空。

运行结果如图 2-14 所示。

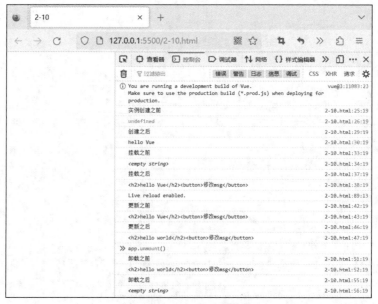

图 2-14　Vue.js 生命周期

2.4.3　Vue.js 生命周期函数主要业务应用

实际项目中使用最多的 Vue.js 生命周期函数是 created、 mounted 、updated。主要业务应用如下。

created：获取 AJAX 异步请求数据，初始化数据。

mounted：获取挂载元素内 DOM 节点。

updated：数据更新的统一业务逻辑处理。

本章小结

本章主要介绍了 Vue.js 的模板语法、响应式声明渲染机制、属性绑定、双向数据绑定、计算属性、生命周期等内容。通过这些内容，读者可以深入了解 Vue.js 的数据绑定原理以及 Vue.js 内部是如何运行的。

习　题

2-1　简述 Vue.js 的响应式声明渲染原理。

2-2　利用计算属性计算总分和平均分。

学科	分数
语文	90
数学	80
英语	90
总分	260
平均分	87

2-3　简述 Vue.js 的生命周期。

第3章
Vue.js指令

03

本章导读

Vue.js 针对一些常用的页面功能提供了指令封装的使用形式。这些指令以 HTML 元素属性的方式来使用，它们各有不同的用途，使用的场景和复杂度也各不相同。本章将详细介绍指令的概念、指令的基本使用方法以及使用不同指令绑定元素以实现的特殊功能。

本章要点

- 指令的概念
- 指令的基本使用方法
- 使用不同指令绑定元素以实现的特殊功能

3.1 Vue.js 指令概述

Vue.js 的指令是带有 v-前缀的特殊属性，它们作用于 HTML 元素上。指令绑定在元素上时，指令会为绑定的目标元素添加一些特殊的行为。我们也可以将指令看作特殊的 HTML 元素属性。

3.1.1 Vue.js 指令

3.1 Vue.js 指令
概述

Vue.js 提供了许多内置指令，包括前面我们所使用过的 v-bind 和 v-model。指令属性的值是一个表达式（少数指令例外）。指令的任务是在其表达式的值发生变化时，响应式地更新 DOM。示例代码如下。

```
<p v-if="isShow">中国欢迎您! </p>
```

这里，v-if 指令会基于表达式 isShow 的值来移除或者插入该 p 元素。

3.1.2 指令参数

有一些指令需要一个"参数"，参数添加在指令名后，用一个冒号隔开。例如用 v-bind 指令来响应式地更新一个 HTML 属性，我们可以给它添加参数，示例代码如下。

```
<a v-bind:href="url"> ... </a>
```

这里的 href 就是一个参数，它告诉 v-bind 指令将表达式 url 的值绑定到 a 元素的 href 属性上。

3.1.3 动态参数

指令参数也可以使用一个表达式，这个表达式包含在一对方括号内。示例代码如下。

```
<a v-bind:[attributeName]="url"> ... </a>
```

这里的 attributeName 会作为一个表达式被动态执行，计算得到的值是 v-bind 的参数。比如这个实例中有一个数据属性 attributeName 的值为"href"，那么这个绑定就等价于 v-bind:href="url"。

需要注意的是，动态参数中表达式的值应当是一个字符串，或者是 null。当它是 null 时，将显式地移除该绑定。如果动态参数是其他非字符串的值，则会触发警告。并且动态参数表达式不允许使用某些特殊字符，如空格和引号，在 HTML 属性名中使用这些字符都是非法的。示例代码如下。

```
<!-- 这会触发编译器警告 -->
<a :['foo' + bar]="value"> ... </a>
```

上面代码中的动态参数就是非法的，它在执行时会触发编译器警告。如果需要传入一个复杂的动态参数，应当使用计算属性来替换复杂的表达式。

另外，直接将模板写在 HTML 文件里时，应避免在参数名称中使用大写字母，因为浏览器会强制将其转换为小写字母，这样就得不到正确的实例数据属性。示例代码如下。

```
<a :[someAttr]="value"> ... </a>
```

这里 someAttr 将被转换成 someattr，因此这段代码将不会工作。如果是单文件组件内的模板则不受此限制。

3.1.4　指令修饰符

指令修饰符是紧跟在指令名称后面，以点开头的特殊后缀。它表明指令需要以一些特殊的方式被绑定。示例代码如下。

```
<form @submit.prevent="onSubmit">...</form>
```

这里的指令修饰符.prevent 告知 v-on 指令对触发的事件调用 event.preventDefault 方法，即阻止表单提交。

综上所述，一个完整的指令语法为：

```
<form v-on:submit .prevent="onSubmit">...</form>
```

其中"v-on"是指令名称，"submit"是参数，".prevent"是修饰符，"onSubmit"是值。

3.2　Vue.js 指令详解

Vue.js 前端框架包含一系列的内置指令，下面将逐一介绍每个指令的功能和使用方法。

3.2.1　v-once 指令

使用 v-once 指令的目的是只渲染一次元素，即使之后该元素中使用的数据更新，它也不会被渲染，即这个元素中的数据都被当作静态内容跳过。这个指令用于优化和更新性能。具体案例如下。

【案例 3-1】使用 v-once 指令。

```
01    <!DOCTYPE html>
02    <html lang="en">
03      <head>
04        <meta charset="UTF-8" />
05        <title>3-1</title>
06        <script src="https://unpkg.com/vue@3"></script>
07      </head>
08      <body>
09        <div id="app">
10          <!-- 指令 v-once 只渲染一次-->
11          <h2 v-once>{{ message }}</h2>
12          <!-- 没有使用v-once 指令-->
13          <h2>{{ message }}</h2>
14          <button @click="changeMessage">改变 message</button>
15        </div>
16        <script>
17        const { createApp } = Vue;
18        createApp({
19          data() {
20            return {
21              message: "Hello Vue",
22            };
23          },
24          methods: {
```

```
25              changeMessage() {
26                this.message = "你好";
27              },
28            },
29          }).mount("#app");
30        </script>
31      </body>
32    </html>
```

【代码说明】

第 11 行代码中，h2 元素使用了 v-once 指令。当单击按钮修改数据 message 的值时，这个元素中的 message 值不会发生变化。因为这里 message 值只在第一次被渲染，后面即使数据更新也不会被渲染。v-once 指令不需要参数。

第 13 行代码中，h2 元素没有使用 v-once 指令，当单击按钮修改数据 message 的值时，这个元素中的 message 值会变为"你好"。

运行结果如图 3-1 所示。

图 3-1　使用 v-once 指令：单击按钮后

3.2.2　v-text 和 v-html 指令

v-text 指令主要用来更新元素的文本内容，将实例中的数据作为纯文本输出，等同于 DOM 中的 innerText 属性。v-html 指令会将实例中的数据当作 HTML 标签解析后输出，等同于 DOM 中的 innerHTML 属性。具体案例如下。

【案例 3-2】使用 v-text 和 v-html 指令。

```
01    <!DOCTYPE html>
02    <html lang="en">
03      <head>
04        <meta charset="UTF-8" />
05        <title>3-2</title>
06        <script src="https://unpkg.com/vue@3"></script>
07      </head>
08      <body>
09        <div id="app">
10          <p v-text="msg">标签内的文本</p> <!-- 等同于插值语法 -->
11          <p v-html="msg"></p> <!-- 解析标签 -->
12        </div>
13        <script>
```

```
14        const {createApp} = Vue
15        createApp({
16          data() {
17            return {
18              msg: '<span style="color:red">hello</span>'
19            }
20          }
21        }).mount('#app');
22      </script>
23    </body>
24  </html>
```

【代码说明】

第 10 行代码中，p 元素使用了 v-text 指令，数据文本会被原样输出，标签不会被浏览器解析。

第 11 行代码中，p 元素使用了 v-html 指令，数据文本会被浏览器解析后再输出。

运行结果如图 3-2 所示。

图 3-2　使用 v-text 和 v-html 指令

3.2.3　v-pre 指令

在一个元素内使用 v-pre 指令，则该元素的所有 Vue.js 模板语法都会被保留并按原样渲染。最常见的用例就是显示原始双花括号标签及内容。具体案例如下。

【案例 3-3】使用 v-pre 指令。

```
01  <!DOCTYPE html>
02  <html lang="en">
03    <head>
04      <meta charset="UTF-8" />
05      <title>3-3</title>
06      <script src="https://unpkg.com/vue@3"></script>
07    </head>
08    <body>
09      <div id="app">
10        <p v-pre>{{message}}</p>
11      </div>
12      <script>
13        const {createApp} = Vue
14        createApp({
15          data() {
16            return {
17              message:'hello vue'
```

```
18              }
19          }
20       }).mount('#app');
21     </script>
22   </body>
23 </html>
```

【代码说明】

第 10 行代码中，p 元素使用了 v-pre 指令，会输出元素内容"{{message}}"，这里的 message 不是绑定的 Vue.js 数据。

运行结果如图 3-3 所示。

图 3-3　使用 v-pre 指令

3.2.4　v-cloak 指令

v-cloak 指令用于显示当数据未解析完成时页面元素渲染的样式。某些情况下，一些外界因素，如网络性能等，会导致网页加载不出来或者加载速度较慢，Vue.js 的数据来不及渲染时会在用户界面上显示出源代码，这样的体验是用户不希望得到的。v-cloak 指令可以解决这个问题。具体案例如下。

【案例 3-4】使用 v-cloak 指令。

```
01 <html lang="en">
02   <head>
03     <meta charset="UTF-8" />
04     <title>3-4</title>
05     <script src="https://unpkg.com/vue@3"></script>
06     <style>
07       [v-cloak] {
08         display: none;
09       }
10     </style>
11   </head>
12   <body>
13     <div id="app">
14       <h2>{{msg}}</h2>
15       <!-- 斗篷指令: 在解析前使用 v-cloak 样式 -->
16       <h2 v-cloak>{{msg}}</h2>
17     </div>
18     <script>
19       setTimeout(() => {
20         const { createApp } = Vue;
21         createApp({
```

```
22            data() {
23              return {
24                msg: "hello",
25              };
26            },
27          }).mount("#app");
28        }, 3000);
29      </script>
30    </body>
31  </html>
```

【代码说明】

第 14 行代码中，h2 元素没有使用斗篷指令。JavaScript 代码中模拟了网络延迟的情况，页面加载完成后等待 3s 才创建实例。在绑定数据显示出来之前，这个元素的内容是"{{msg}}"。

第 16 行代码中，h2 元素使用了斗篷指令，并且设置了 v-cloak 样式。在绑定数据显示出来之前，这个元素的内容不会显示出来。

运行结果如图 3-4 所示。

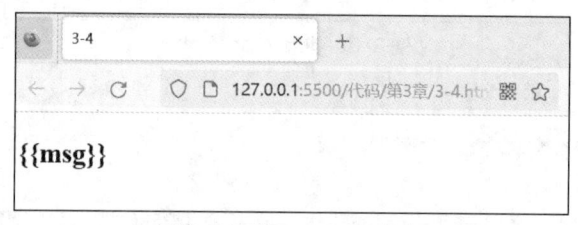

图 3-4　使用 v-cloak 指令

3.2.5　v-memo 指令

v-memo 指令的值是一个数组，它可以包含多个数据。这个指令会缓存使用它的元素模板的子树。当模板中的数据有更新时，它会将数组里包含的每个值与更新的数据进行比较，如果每个值都没有变化，即当前值与最后一次渲染的值相同，那么整个子树的更新将被跳过。具体案例如下。

【案例 3-5】使用 v-memo 指令。

```
01  <!DOCTYPE html>
02  <html lang="en">
03    <head>
04      <meta charset="UTF-8" />
05      <title>3-5</title>
06      <script src="https://unpkg.com/vue@3"></script>
07    </head>
08    <body>
09      <div id="app">
10        <div v-memo="[name,age]">
11          <h2>姓名: {{ name }}</h2>
12          <h2>年龄: {{ age }}</h2>
13          <h2>id: {{ id }}</h2>
14        </div>
15        <button @click="updateInfo">改变信息</button>
```

```
16        </div>
17        <script>
18         const { createApp } = Vue;
19         createApp({
20          data: function () {
21           return {
22            name: "Amy",
23            age: 18,
24            id: '001'
25           };
26          },
27          methods: {
28           updateInfo() {
29            this.id = '002';
30           },
31          },
32         }).mount("#app");
33        </script>
34       </body>
35      </html>
```

【代码说明】

第 10 行代码中，div 元素使用了指令 v-memo，它的值是一个数组，这个数组包含两个数据，分别为 name 和 age。通过这个指令，Vue.js 会缓存 div 这个元素模板的子树。

第 15 行代码中，按钮绑定了 updateInfo 事件，这个事件将改变数据 id 的值。当单击按钮时，调用方法 updateInfo，但是 id 的值并没有改变。因为单击事件发生时，v-memo 指令会比较数据 name 和 age 在单击前后的值。这个事件并没有改变这两个值，所以整个 div 模板的更新将被跳过。

运行结果如图 3-5 所示。

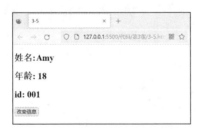

图 3-5　使用 v-memo 指令

3.2.6　v-bind 指令

前面讲的一些指令主要是将值插入模板内容中，但是除了内容需要动态决定外，某些属性我们也希望动态绑定。比如动态绑定 a 元素的 href 属性，动态绑定 img 元素的 src 属性。双花括号不能在 HTML 属性中使用，想要响应式地绑定一个属性，应该使用 v-bind 指令。v-bind 指令的参数是要绑定的 HTML 属性名称，其值是绑定的数据名称或者表达式，也可以是一个函数。示例代码如下。

3.2.6　v-bind 指令

```
<!-- 绑定 src 属性 -->
<img v-bind:src="imageSrc" />
```

```
<!-- 简写 -->
<img :src="imageSrc" />
<!--绑定值是一个表达式 -->
<div :id="`list-${id}`"></div>
<!--绑定值是一个调用函数-->
<span :title="getTitle ()"> ...</span>
```

如果 v-bind 指令绑定的值是 null 或者 undefined，那么该属性将会从渲染的元素上移除。但是下面这种情况略有不同。示例代码如下。

```
<!--绑定值是一个布尔值 -->
<button :disabled="isButtonDisabled">Button</button>
```

当 isButtonDisabled 为 true 或一个空字符串（即<button :disabled="">）时，元素会使用 disabled 属性；当其为 false 时，disabled 属性将被忽略。

【案例 3-6】使用 v-bind 指令。

```
01  <!DOCTYPE html>
02  <html lang="en">
03    <head>
04      <meta charset="UTF-8" />
05      <title>3-6</title>
06      <script src="https://unpkg.com/vue@3"></script>
07    </head>
08    <body>
09      <div id="app">
10        <!-- title 属性是普通文本 -->
11        <h1 title="这是 h1 的标题">标题</h1>
12        <h1 title="title">标题</h1>
13        <!-- 属性绑定：将 Vue 的数据绑定到 HTML 元素的属性上 -->
14        <!-- 绑定 title 属性 -->
15        <h1 v-bind:title="title">标题</h1>
16        <!-- 简写：语法糖 -->
17        <h1 :title="title">标题</h1>
18        <!-- 绑定 img 的 src 属性 -->
19        <img :src="imgUrl" width="150" height="100" />
20        <!-- 绑定 a 的 href 属性 -->
21        <a :href="href">学习强国</a>
22        <!-- 绑定 button 的 disabled 属性  -->
23        <button :disabled="isButtonDisabled">Button</button>
24      </div>
25      <script>
26      const { createApp } = Vue;
27      createApp({
28        data() {
29          return {
30            title: "Vue 的标题",
31            imgUrl: "img/study01.jpeg",
32            href: "https://www.xuexi.cn/",
33            isButtonDisabled:''
```

```
34            };
35          },
36        })).mount("#app");
37      </script>
38    </body>
39  </html>
```

【代码说明】

第 11 行、12 行代码中，h1 元素的 title 属性是普通文本，作为 h1 元素的 title 属性的值。

第 15 行代码中，title 属性绑定了数据 title，这个 h1 元素的标题是"标题"。

第 19 行代码中，img 元素的 src 属性绑定了数据 imgUrl，将显示此路径的图片。

第 21 行代码中，a 元素的 href 属性绑定了数据 href，单击超级链接将跳转到对应的路径。

第 23 行代码中，button 元素的 disabled 属性绑定了数据 isButtonDisabled，它的值为空，此时元素会使用 disabled 属性，即此禁用按钮。

运行结果如图 3-6 所示。

图 3-6　使用 v-bind 指令

【案例 3-7】通过 v-bind 绑定，单击按钮切换显示两张图片。

```
01  <!DOCTYPE html>
02  <html lang="en">
03    <head>
04      <meta charset="UTF-8" />
05      <title>3-7</title>
06      <script src="https://unpkg.com/vue@3"></script>
07    </head>
08    <body>
09      <div id="app">
10        <!-- 单击按钮切换图片实际上就是通过 src 绑定的属性值（要显示的图片路径）来切换的 -->
11        <button @click="switchImage">切换图片</button>
12        <img :src="showImgUrl" width="400" height="300" />
13      </div>
14      <script>
15        const { createApp } = Vue;
```

```
16        createApp({
17          data() {
18            return {
19              showImgUrl: "img/study01.jpeg",
20              imgUrl1: "img/study01.jpeg",
21              imgUrl2: "img/study02.webp",
22            };
23          },
24          methods: {
25            switchImage() {
26              this.showImgUrl =
27      this.showImgUrl === this.imgUrl1 ? this.imgUrl2 : this.imgUrl1;
28            },
29          },
30        }).mount("#app");
31      </script>
32    </body>
33  </html>
```

【代码说明】

第 12 行代码中，img 元素的 src 属性绑定了数据 showImgUrl。

第 11 行代码中，按钮绑定了单击事件，单击按钮调用方法 switchImage。该方法通过判断 showImgUrl 的值，让它在 imgUrl1 和 imgUrl2 之间切换，从而通过单击按钮实现两张图片的切换效果。

运行结果如图 3-7 所示。

图 3-7　单击按钮切换显示两张图片

【案例 3-8】v-bind 绑定动态参数。

```
01  <!DOCTYPE html>
02  <html lang="en">
03    <head>
04      <meta charset="UTF-8" />
05      <title>3-8</title>
06      <script src="https://unpkg.com/vue@3"></script>
07    </head>
08    <body>
09      <div id="app">
10        <h2 :[name]="msg">一分耕耘，一分收获。</h2>
```

```
11        </div>
12        <script>
13          const { createApp } = Vue;
14          createApp({
15            data() {
16              return {
17                name: "id",
18                msg: 'hello'
19              };
20            },
21          }).mount("#app");
22        </script>
23      </body>
24    </html>
```

【代码说明】

第 10 行代码中，h2 元素使用 v-bind 绑定了动态参数 name，动态参数放在一对方括号内，它也可以是一个表达式。

第 17 行代码中，数据 name 的值为"id"。name 的值被用作 v-bind 绑定的参数值，即 h2 元素的 id 属性值是 msg 的值。

运行结果如图 3-8 所示。

图 3-8 v-bind 绑定动态参数

【案例 3-9】v-bind 动态绑定多个值。

```
01    <!DOCTYPE html>
02    <html lang="en">
03      <head>
04        <meta charset="UTF-8" />
05        <title>3-9</title>
06        <script src="https://unpkg.com/vue@3"></script>
07      </head>
08      <body>
09        <div id="app">
10          <h2 v-bind="infos">青春逢盛世，奋斗正当时。</h2>
11        </div>
12        <script>
13          const { createApp } = Vue;
14          createApp({
```

```
15          data() {
16            return {
17              infos: { id: "container", title: "标题" },
18            };
19          },
20        }).mount("#app");
21      </script>
22    </body>
23  </html>
```

【代码说明】

第 17 行代码中，数据 infos 是一个对象，包含 id 和 title 两个属性。

第 10 行代码中，h2 元素使用不带参数的 v-bind 绑定，它的值是对象 infos。这样，infos 对象的两个属性 id 和 title 就被添加为 h2 元素的属性，对应的值也作为属性值被添加。

运行结果如图 3-9 所示。

图 3-9　v-bind 动态绑定多个值

3.2.7　v-on 指令

在前端开发中一个非常重要的特性就是交互，当用户和网页进行各种各样的交互时，就必须监听用户发生的事件，比如单击、拖曳、键盘事件等。在 Vue.js 中使用 v-on 指令监听事件。示例代码如下。

```
<!-- 方法处理函数 -->
<button v-on:click="doThis"></button>
<!--简写 -->
<button @click="doThis"></button>
```

在第 4 章我们将详细讲解监听事件的方法。

3.2.8　v-for 指令

3.2.8　v-for 指令

v-for 指令用来遍历数组、对象，它类似于 for 循环，可以遍历一组数据，并且将基于这些原始数据多次渲染元素或模板。v-for 的基本格式是 "item in 数据"，这里的 item 是我们给遍历对象的每个元素起的一个别名，这个别名可以自定义；数据通常来自 data 或者 prop，也可以来自其他地方。

【**案例 3-10**】v-for 遍历数组。

```
01  <!DOCTYPE html>
02  <html lang="en">
03    <head>
04      <meta charset="UTF-8" />
05      <title>3-10</title>
06      <script src="https://unpkg.com/vue@3"></script>
07      <style>
08        .item {
09          margin-top: 5px;
10          background-color: orange;
11        }
12        .item .title {
13          color: red;
14        }
15      </style>
16    </head>
17    <body>
18      <div id="app">
19        <!-- 1.电影列表进行渲染 -->
20        <h2>电影列表</h2>
21        <ul>
22          <li v-for="movie in movies">{{ movie }}</li>
23        </ul>
24        <!-- 2.电影列表有索引 -->
25        <ul>
26  <li v-for="movie, index in movies">{{index + 1}}-{{ movie }}</li>
27        </ul>
28        <!-- 3.遍历数组复杂数据 -->
29        <h2>榜样的力量</h2>
30        <div class="item" v-for="item in person">
31          <h3 class="title">姓名: {{item.name}}</h3>
32          <p>介绍: {{item.info}}</p>
33        </div>
34      </div>
35      <script>
36        const { createApp } = Vue;
37        createApp({
38          data() {
39            return {
40              movies: ["流浪地球", "满江红", "无名"],
41              // 数组: 存放的是对象
42              person: [
43                { name: "石光银", info: "一辈子只做一件事。" },
44                { name: "申纪兰", info: "党的好女儿，人民的好代表。" },
45                { name: "黄志丽", info: "做脚下永远沾着泥土的法官。" },
46              ],
47            };
48          },
49        }).mount("#app");
```

```
50          </script>
51      </body>
52    </html>
```

【代码说明】

第 22 行代码中，li 元素通过指令 v-for 遍历 Vue.js 的数据 movies 数组。指令值的第一个部分只有一个值 movie，movie 是为遍历的每个数组元素取的一个别名，每遍历一个数组元素，Vue.js 就渲染一个 li 元素；第二个部分是关键字 in，第三个部分是遍历的数组名 movies。这样通过 v-for 的遍历就渲染生成了 3 个 li 元素。如果渲染的标签没有实际的意义，那么可以使用 template 元素替换这里的 li 元素，渲染时不会得到 template 元素。

第 26 行代码中，v-for 指令值的第一个部分有两个值，它们以逗号分隔（也可以在它们的外部加上括号）。第一个值 movie 是遍历的每个数组元素，第二个值 index 是遍历的每个数组元素的索引。

第 30 行代码中，v-for 遍历的数组存放的每一个元素都是对象。因此，遍历得到的每一个 item 都是对象，通过 item.name 和 item.info 可以访问到各个对象的属性值。

运行结果如图 3-10 所示。

图 3-10　v-for 遍历数组

【案例 3-11】v-for 遍历对象。

```
01    <!DOCTYPE html>
02    <html lang="en">
03      <head>
04        <meta charset="UTF-8" />
05        <title>3-11</title>
06        <script src="https://unpkg.com/vue@3"></script>
07      </head>
08      <body>
```

```
09        <div id="app">
10          <ul>
11            <!-- v-for="(键值,键名,索引) in  遍历对象" -->
12            <li v-for="value, key, index in info">{{index}}-{{key}}-{{value}}</li>
13          </ul>
14        </div>
15        <script>
16          const { createApp } = Vue;
17          createApp({
18            data() {
19              return {
20                info: { name: "Amy", age: 18 },
21              };
22            },
23          }).mount("#app");
24        </script>
25      </body>
26    </html>
```

【代码说明】

第 12 行代码中，v-for 指令遍历 Vue.js 的数据对象 info，指令值的第一个部分有 3 个值。第一个值 value（键值）是对象的每一个属性的属性值，第二个值 key（键名）是对应的属性名，第三个值 index（索引）是对应的索引。如果只有一个值，则这个值是属性值；如果有两个值，则这两个值分别是属性值和属性名。

运行结果如图 3-11 所示。

图 3-11　v-for 遍历对象

【案例 3-12】数组更新检测。

```
01    <!DOCTYPE html>
02    <html lang="en">
03      <head>
04        <meta charset="UTF-8" />
05        <title>3-12</title>
06        <script src="https://unpkg.com/vue@3"></script>
07      </head>
08      <body>
09        <div id="app">
10          <ul>
11            <li v-for="item,index in numbers" :key="index">{{ item }}</li>
12          </ul>
13          <button @click="changeArray">修改数组</button>
14        </div>
15        <script>
```

```
16        const { createApp } = Vue;
17        createApp({
18          data() {
19            return {
20              numbers: [1, 2, 3, 4, 5],
21            };
22          },
23          methods: {
24            changeArray() {
25              //修改原数组的方法会触发视图更新
26              this.numbers.push("6");
27              // 不修改原数组的方法不能被侦听
28              // this.numbers.map(item => item + 100)
29            },
30          },
31        }).mount("#app");
32      </script>
33    </body>
34  </html>
```

【代码说明】

第 11 行代码中，li 元素通过 v-for 指令遍历 numbers 数组，渲染生成 5 个 li 元素。

第 13 行代码中，按钮绑定了单击事件，单击按钮时调用方法 changeArray。

第 26 行代码中，在 changeArray 方法中，数组使用 push 方法向末尾添加数据元素 "6"。在数组发生改变的同时，视图中的列表也随之更新。类似的方法还有 pop、shift、unshift、splice、sort、reverse 等。

第 28 行代码中，数组调用方法 map，这个方法不会改变原始数组，因此视图也不会被更新。如果我们把 map 方法的返回值（新的数组）赋值给原始数组，那么对应的视图就会被更新。类似的方法还有 filter、reduce 等。

第 11 行代码中，li 元素还绑定了一个 key 属性。key 给每一个元素指定唯一的名称，通常用索引来指定 key（每个元素有不同的索引）。key 属性的主要作用是在数据更新时对新、旧虚拟 DOM 的内容进行对比。如果没有 key，在数据更新时如果对比虚拟 DOM 遇到不同内容，则后面的所有内容会全部重新转换成真实 DOM 再渲染；如果添加了 key，则对比时相同 key 的内容会复用而不会重新渲染，从而提高性能。

运行结果如图 3-12 和图 3-13 所示。

图 3-12　数组更新检测：push 方法更新前

图 3-13　数组更新检测：push 方法更新后

3.2.9 v-if 指令

v-if 指令可以实现条件渲染，Vue.js 会根据表达式的值来渲染元素。示例
代码如下。

```
<h1 v-if="isShow">Vue.js is awesome!</h1>
```

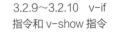

3.2.9~3.2.10 v-if
指令和 v-show 指令

上面的代码中，h1 元素只有在指令的表达式返回 true 时才被渲染。

可以使用 v-else 指令为 v-if 添加一个"else 区块"。使用 v-else 的元素
必须跟在一个使用 v-if 或者使用 v-else-if 元素后面，否则它将不会被识别出。

v-else-if 提供的是对应 v-if 的"else if 区块"，它可以连续多次重复使用。和 v-else 类似，使用
v-else-if 的元素必须紧跟在一个使用 v-if 元素或一个使用 v-else-if 元素后面。

因为 v-if 是一个指令，它必须依附于某个元素。如果我们想要切换多个元素，可以将它们放在
一个 template 元素中，并在 template 元素中使用 v-if。template 是一个不可见的包装器元素，并且最
后不会被渲染。v-else 和 v-else-if 也可以在 template 中使用。

【案例 3-13】v-if 的使用。

```
01  <!DOCTYPE html>
02  <html lang="en">
03    <head>
04      <meta charset="UTF-8" />
05      <title>3-13</title>
06      <script src="https://unpkg.com/vue@3"></script>
07    </head>
08    <body>
09      <div id="app">
10        <!-- v-if="条件" 类似于 if 语句 -->
11  <!-- v-if 后面是一个条件表达式或布尔值，如果为 true 才会渲染该元素中的内容-->
12        <p v-if="isShow">{{nums}}</p>
13  <button v-if="count != 0" @click="count--">计数: {{count}}</button>
14        <p v-if="nums.length">{{nums}}</p>
15      </div>
16      <script>
17        const { createApp } = Vue;
18        createApp({
19          data() {
20            return {
21              isShow: false,
22              nums: [1, 2, 3],
23              count: 10,
24            };
25          },
26        }).mount("#app");
27      </script>
28    </body>
29  </html>
```

【代码说明】

第 12 行代码中，p 元素使用 v-if 指令，指令值 isShow 的初始值是 false，因此 p 元素的内容不
显示。

第 13 行代码中，按钮使用 v-if 指令，当 count 值不等于 0 时这个按钮才会显示。即按钮绑定事件后，单击按钮 count 值减 1，当持续单击至 count 值减到 0 时，按钮消失。

第 14 行代码中，p 元素使用 v-if 指令值，指令值是数组 nums 的长度。只要该数组有内容，即长度不为 0，p 元素都会显示。如果数组长度为 0，则 p 元素不显示。

运行结果如图 3-14 所示。

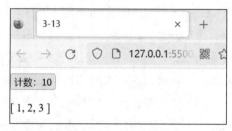

图 3-14　v-if 的使用

【案例 3-14】v-if 和 v-else 的使用。

```
01    <!DOCTYPE html>
02    <html lang="en">
03      <head>
04        <meta charset="UTF-8" />
05        <title>3-14</title>
06        <script src="https://unpkg.com/vue@3"></script>
07      </head>
08      <body>
09        <div id="app">
10    <button v-if="count != 0" @click="count--">计数: {{count}}</button>
11          <p v-else>计数为 0</p>
12        </div>
13        <script>
14          const { createApp } = Vue;
15          createApp({
16            data() {
17              return {
18                count: 5,
19              };
20            },
21          }).mount("#app");
22        </script>
23      </body>
24    </html>
```

【代码说明】

第 11 行代码中，p 元素使用了 v-else 指令，它和第 10 行代码中的 v-if 对应。当 v-if 指令值为 false 时，v-else 的 p 元素就会显示出来。

运行结果如图 3-15 所示。

图 3-15　v-if 和 v-else 的使用

【案例 3-15】v-else-if 指令的使用。

```
01  <!DOCTYPE html>
02  <html lang="en">
03    <head>
04      <meta charset="UTF-8" />
05      <title>3-15</title>
06      <script src="https://unpkg.com/vue@3"></script>
07    </head>
08    <body>
09      <div id="app">
10        <h2 v-if="score >= 90">优秀</h2>
11        <h2 v-else-if="score >= 80">良好</h2>
12        <h3 v-else-if="score >= 60">及格</h3>
13        <h4 v-else>不及格</h4>
14      </div>
15      <script>
16        const { createApp } = Vue;
17        createApp({
18          data() {
19            return {
20              score: 90,
21            };
22          },
23        }).mount("#app");
24      </script>
25    </body>
26  </html>
```

【代码说明】

第 10 行代码为当满足 v-if 的条件，分数 score 大于等于 90 时，页面会显示优秀。

第 11 行代码为当不满足上面 v-if 的条件，但是满足当前元素 v-else-if 的条件，分数 score 大于等于 80 时，页面会显示良好。

第 12 行代码为当不满足上面 v-if 和 v-else-if 的条件，但是满足当前元素 v-else-if 的条件，分数 score 大于等于 60 时，页面会显示及格。

第 13 行代码为当不满足上面所有条件时，页面会显示不及格。

运行结果如图 3-16 所示。

图 3-16 v-else-if 指令的使用

3.2.10 v-show 指令

v-show 指令和 v-if 指令的用法基本上是一样的。它们都是根据一个条件决定是否显示元素，但是两者也有区别。

v-show 和 v-if 的区别如下。v-show 的元素会始终被渲染并保留在 DOM 中，v-show 只是切换了该元素的 CSS 属性中的 display。此外，v-show 不支持在 template 元素上使用，也不能和 v-else 搭配使用。v-if 是"真实"按条件渲染，因为它确保了在切换时，条件区块内的事件监听器和子组件都会被销毁与重建。v-if 是惰性的，如果在初次渲染时条件值为 false，那么条件区块不会被渲染，只有当条件值首次变为 true 时它才会被渲染。

总的来说，v-if 有更高的切换开销，而 v-show 有更高的初始渲染开销。因此，如果需要非常频繁地切换元素，则使用 v-show 较好；如果运行时条件很少改变，则使用 v-if 更合适。

【案例 3-16】v-show 指令的使用。

```
01    <!DOCTYPE html>
02    <html lang="en">
03      <head>
04        <meta charset="UTF-8" />
05        <title>3-16</title>
06        <script src="https://unpkg.com/vue@3"></script>
07      </head>
08      <body>
09        <div id="app">
10          <p v-show="isShow">弘扬工匠精神</p>
11          <p v-if="isShow">弘扬工匠精神</p>
12          <button @click="isShow = !isShow">显示与隐藏切换</button>
13        </div>
14        <script>
15        const { createApp } = Vue;
16        createApp({
17          data() {
18            return {
19              isShow: true
20            };
21          },
22        }).mount("#app");
23        </script>
24      </body>
25    </html>
```

【代码说明】

第 10 行代码中，p 元素使用 v-show 指令决定元素内容是否显示。

第 12 行代码中，按钮绑定单击事件来切换 isShow 的布尔值。当单击按钮，v-show 和 v-if 的条件都不满足时，两个 p 元素都不显示。从代码查看器中可以看到，v-if 对应的 p 元素没有被渲染，而 v-show 对应的 p 元素添加了属性 "display:none"。

运行结果如图 3-17 和图 3-18 所示。

图 3-17　v-show 指令的使用

图 3-18　v-show 和 v-if 的区别

3.3　表单输入绑定

在前端处理表单时，我们常常需要将表单文本框的内容同步给 Vue.js 中相应的变量。如果手动处理数据绑定和更改事件监听器则比较麻烦。示例代码如下。

```
<input :value="text" @input="event => text = event.target.value">
```

这里文本框的 value 属性绑定了实例数据 text，即数据改变时视图随之更新。同时文本框监听 input 事件，当文本框有内容输入时执行方法，将用户输入的值赋给 text。这样表单文本框的内容就同步给了 Vue.js 中相应的变量，即视图改变时数据随之更新。这种方式就实现了数据的双向绑定。

3.3　表单输入绑定

3.3.1　v-model 指令

上面的操作比较麻烦，Vue.js 提供了 v-model 指令，可以帮助我们简化操作，更容易地实现双向数据绑定。示例代码如下。

```
<input v-model="text">
```

这行代码可以实现和前面一样的效果。

除了文本框，v-model 还可以用于各种不同类型元素的输入，如 textarea、select 元素等。它会根据所应用的元素自动使用对应的 DOM 属性和事件组合。注意，v-model 会忽略表单元素上初始的 value、checked 或 selected 属性值。它会将当前绑定的 Vue.js 数据视为数据的唯一来源，所以应该在 Vue.js 实例的 data 方法中来声明这些初始值。

3.3.2 v-model 绑定 value 属性

1. 文本框

【案例 3-17】v-model 绑定文本框。

```
01  <!DOCTYPE html>
02  <html lang="en">
03    <head>
04      <meta charset="UTF-8" />
05      <title>3-17</title>
06      <script src="https://unpkg.com/vue@3"></script>
07    </head>
08    <body>
09      <div id="app">
10        <!-- 登录功能，获取用户输入的用户名和密码-->
11        <label for="account">
12          账号<input id="account" v-model="account" />
13        </label>
14        <label for="password">
15          密码<input id="password" v-model="password" />
16        </label>
17        <button @click="loginClick">登录</button>
18      </div>
19      <script>
20        const { createApp } = Vue;
21        createApp({
22          data() {
23            return {
24              account: "",
25              password: "",
26            };
27          },
28          methods: {
29            loginClick() {
30              console.log(this.account, this.password);
31            },
32          },
33        }).mount("#app");
34      </script>
35    </body>
36  </html>
```

【代码说明】

第 12 行、15 行代码中，文本框通过 v-model 分别绑定了数据 account 和 password，绑定的是其 value 属性。当在文本框中输入内容时，value 属性值发生改变，它们会更新 Vue.js 中对应的数据。本案例中在单击"登录"按钮调用函数时可以看到输出绑定值的变化。

运行结果如图 3-19 所示。

图 3-19　v-model 绑定文本框

2. 文本域

通过 v-model 指令可以将值绑定到多行文本框（即文本域）的 value 属性上。

【案例 3-18】v-model 绑定文本域。

```
01  <!DOCTYPE html>
02  <html lang="en">
03    <head>
04      <meta charset="UTF-8" />
05      <title>3-18</title>
06      <script src="https://unpkg.com/vue@3"></script>
07    </head>
08    <body>
09      <div id="app">
10        <textarea cols="30" rows="10" v-model="content"></textarea>
11        <p>输入的内容:{{content}}</p>
12      </div>
13      <script>
14      const { createApp } = Vue;
15      createApp({
16        data() {
17          return {
18            content: "",
19          };
20        },
21      }).mount("#app");
22      </script>
23    </body>
24  </html>
```

【代码说明】

第 10 行代码中，文本域使用 v-model 绑定了数据 content，绑定的是其 value 属性。当在文本域中输入内容时，value 属性的值发生改变，它会更新 Vue.js 中对应的数据。本案例中在文本域中输入内容时，会同时更新 content。因此，下方 p 元素会显示实时更新的值。

运行结果如图 3-20 所示。

图 3-20   v-model 绑定文本域

3. 复选框

使用单一复选框时，可以通过 v-model 指令绑定布尔值以渲染复选框的选中状态。使用多个复选框时，可以通过 v-model 指令绑定同一个数组或集合的值以渲染复选框的选中状态。

【案例 3-19】v-model 绑定单一复选框。

```
01   <!DOCTYPE html>
02   <html lang="en">
03     <head>
04       <meta charset="UTF-8" />
05       <title>3-19</title>
06       <script src="https://unpkg.com/vue@3"></script>
07     </head>
08     <body>
09       <div id="app">
10         <label for="agree">
11          <input type="checkbox" id="agree" v-model="isAgree" />同意协议
12         </label>
13         <p>复选框的值: {{isAgree}}</p>
14         <button :disabled="!isAgree">开始</button>
15       </div>
16       <script>
17       const { createApp } = Vue;
18       createApp({
19         data() {
20           return {
21             isAgree: false,
22           };
23         },
24       }).mount("#app");
25       </script>
26     </body>
27   </html>
```

【代码说明】

第 11 行代码中，单一复选框使用 v-model 绑定了数据 isAgree。这里相当于复选框绑定的是

checked 的属性值（布尔值），即复选框的选中状态。isAgree 初始值是 false，即复选框的 checked 属性值是 false，复选框为不被选中状态。第 13 行中 p 元素插值 isAgree 的值为 false，同时第 14 行中按钮 disabled 的属性值为 true，此时按钮处于禁用状态。

当选中这个复选框时，其状态改变，checked 属性的值变为 true，数据 isAgree 随之更新为 true。那么，第 13 行中 p 元素插值 isAgree 的值变为 true，同时第 14 行中按钮 disabled 属性的值变为 false，此时按钮可以使用。

运行结果如图 3-21 和图 3-22 所示。

图 3-21 v-model 绑定单一复选框

图 3-22 v-model 绑定单一复选框：选中状态

【案例 3-20】v-model 绑定多个复选框。

```
01  <!DOCTYPE html>
02  <html lang="en">
03    <head>
04      <meta charset="UTF-8" />
05      <title>3-20</title>
06      <script src="https://unpkg.com/vue@3"></script>
07    </head>
08    <body>
09      <div id="app">
10        <h2>你的爱好: </h2>
11        <label for="sports">
12          <input
13            type="checkbox"
14            id="sports"
15            v-model="hobbies"
16            value="运动"
17          />运动
18        </label>
19        <label for="reading">
20          <input
21            type="checkbox"
22            id="reading"
23            v-model="hobbies"
24            value="阅读"
25          />阅读
26        </label>
27        <label for="singing">
```

```
28        <input
29          type="checkbox"
30          id="singing"
31          v-model="hobbies"
32          value="唱歌"
33        />唱歌
34      </label>
35      <h2>复选框的值: {{hobbies}}</h2>
36    </div>
37    <script>
38      const { createApp } = Vue;
39      createApp({
40        data() {
41          return {
42            hobbies: [],
43          };
44        },
45      }).mount("#app");
46    </script>
47  </body>
48 </html>
```

【代码说明】

第 15 行、23 行和 31 行代码中，复选框使用 v-model 绑定了数据 hobbies。这里有多个复选框，v-model 绑定的数据的值是一个包含所有选中项的 value 属性的值的数组，通过这个数组可以渲染复选框的选中状态。因此，必须明确每个复选框都有一个 value 属性的值。当改变复选框选中状态时，其对应的 value 属性的值会自动更新。

运行结果如图 3-23 所示。

图 3-23　v-model 绑定多个复选框

4. 单选按钮

【案例 3-21】v-model 绑定单选按钮。

```
01 <!DOCTYPE html>
02 <html lang="en">
03   <head>
04     <meta charset="UTF-8" />
05     <title>3-21</title>
06     <script src="https://unpkg.com/vue@3"></script>
07   </head>
```

```
08      <body>
09       <div id="app">
10        <!-- 单选按钮中使用 v-model 可以省略 name 属性 -->
11        <label for="male">
12        <input type="radio" id="male" v-model="gender" value="男" />
13          男
14        </label>
15        <label for="female">
16        <input type="radio" id="female" v-model="gender" value="女" />
17          女
18        </label>
19        <h2>你的性别是:{{gender}}</h2>
20       </div>
21       <script>
22        const { createApp } = Vue;
23        createApp({
24         data() {
25          return {
26           gender: "女",
27          };
28         },
29        }).mount("#app");
30       </script>
31      </body>
32     </html>
```

【代码说明】

第 12 行、16 行代码中，单选按钮使用 v-model 绑定了数据 gender。单选按钮中的 v-model 绑定的数据的值是选中项的 value 属性的值，通过这个值可以渲染单选按钮的选中状态。因此，必须明确每个单选按钮都有一个 value 属性的值，当选中单选按钮时其对应的 value 属性的值会自动更新绑定的数据。这个案例中，gender 的初始值为"女"，则单选按钮"女"被选中。如果切换选中项，选中"男"，则 gender 的值会自动更新为"男"。

运行结果如图 3-24 所示。

图 3-24 v-model 绑定单选按钮

5. 选择列表

v-model 也可以绑定到 select（下拉列表）上，如果 v-model 表达式的初始值不匹配任何一项，select 元素会渲染成一个"未选择"的状态。因此，我们可以提供一个空值的禁用选项。

【案例 3-22】v-model 绑定选择列表。

```
01    <!DOCTYPE html>
02    <html lang="en">
03      <head>
04        <meta charset="UTF-8" />
05        <title>3-22</title>
06        <script src="https://unpkg.com/vue@3"></script>
07      </head>
08      <body>
09        <div id="app">
10          <!-- 下拉列表-->
11          <select v-model="fruits">
12            <option value="苹果">苹果</option>
13            <option value="香蕉">香蕉</option>
14            <option value="火龙果">火龙果</option>
15          </select>
16          <h2>你选择的水果是:{{fruits}}</h2>
17          <!-- 多选列表 -->
18          <select v-model="fruits2" multiple>
19            <option value="苹果">苹果</option>
20            <option value="香蕉">香蕉</option>
21            <option value="火龙果">火龙果</option>
22          </select>
23          <h2>你选择的水果是:{{fruits2}}</h2>
24        </div>
25        <script>
26        const { createApp } = Vue;
27        createApp({
28          data() {
29            return {
30              fruits: "",
31              fruits2: [],
32            };
33          },
34        }).mount("#app");
35        </script>
36      </body>
37    </html>
```

【代码说明】

第 11 行代码中，下拉列表使用 v-model 绑定了数据 fruits。下拉列表中 v-model 绑定的数据的值是选中项的 value 属性的值。当选中"香蕉"项时，fruits 的值更新为该项的 value 属性的值"香蕉"。

第 18 行代码中，多选列表使用 v-model 绑定了 fruits2。多选列表中 v-model 绑定的数据的值是包含所有选中项的 value 属性的值的数组。当选中"苹果"、"火龙果"两项时，fruits2 的值更新为该项的 value 属性的值"["苹果"，"火龙果"]"。

运行结果如图 3-25 所示。

图 3-25 v-model 绑定选择列表

3.3.3 v-model 的修饰符

1. .lazy

默认情况下，v-model 会在每次 input 事件后更新数据，这样频繁更新是没有必要的。通过添加.lazy 修饰符可以将这种方式转变为在每次 change 事件后才更新数据。示例代码如下。

```
<input v-model.lazy="msg" />
```

2. .number

用户在表单控件中输入的数据默认是字符串类型，如果想自动将这个值转换为数值类型，可以在 v-model 后添加 .number 修饰符。示例代码如下。

```
<input v-model.number="age" />
```

3. .trim

如果想自动删除用户在表单控件中输入内容两端的空格，可以在 v-model 后添加 .trim 修饰符。示例代码如下。

```
<input v-model.trim="msg" />
```

本章小结

本章主要介绍了 Vue.js 框架提供的内置指令。将指令绑定在元素上时，指令会为绑定的目标元素添加一些特殊的行为，我们也可以将指令看作特殊的 HTML 标签属性。

习 题

3-1　指令的功能及基本语法格式是什么？

3-2　Vue.js 有哪些常用的内置指令？

3-3　通过列表渲染生成购物车表格。

59

序号	图书名称	出版日期	价格	购买数量	操作
1	《JavaScript程序设计》	2022-9	￥85.00	- 1 +	移除
2	《C语言基础》	2021-2	￥59.00	- 1 +	移除
3	《Java高级语言编程》	2022-10	￥39.00	- 1 +	移除
4	《数据库原理》	2023-3	￥128.00	- 1 +	移除
5	《计算机网络》	2022-8	￥88.00	- 1 +	移除

3-4　编写代码，实现简易计算器。

请输入第一个数：[　　　　　　]

[+ ∨]

请输入第二个数：[　　　　　　]

[计算]

得出结果：

3-5　编写代码，实现两个数的比较。

请输入第一个数：[　　　　　　]

请输入第二个数：[　　　　　　]

[比较]

得出结果：

第4章
Vue.js事件处理

04

本章导读

在前端开发中一个非常重要的特性就是交互，Web 页面经常需要和用户进行各种各样的交互，这个时候，就必须监听用户发生的事件，比如单击、拖曳、键盘事件等。监听事件可以使用 v-on 指令绑定事件监听器，Vue.js 实例中的 watch 选项可以监听数据的更新并且获取新值和旧值。本章将详细介绍使用 v-on 指令监听事件的方法，以及 watch 选项的使用方法。

本章要点

- 监听事件
- 方法事件处理器
- 内联事件处理器
- v-on 的修饰符
- watch 选项的使用

4.1 Vue.js 事件处理器

Vue.js 提供了事件处理机制，事件处理主要包括监听事件、方法事件处理器、内联事件处理器几方面的内容。

4.1 Vue.js 事件
处理器

4.1.1 监听事件

在第 3 章我们已经介绍了 v-on 指令（简写为@）的基本使用形式。Vue.js 提供的 v-on 指令用来监听 DOM 事件，并在事件触发时执行对应的代码。它的语法格式如下。

```
v-on:click="methodName" 或 @click="handler"
```

这里 v-on 指令的参数值 click 是事件触发类型"鼠标单击"，等号后面的值是事件处理器，它分为以下两类。

方法事件处理器指向 Vue.js 组件实例中定义的方法名或路径。

内联事件处理器是事件被触发时执行的内联 JavaScript 语句（与 onclick 类似）。

4.1.2 方法事件处理器

v-on 指令可以通过一个方法名调用某个方法，这种方式称为方法事件处理器。方法事件处理器会自动接收原生 DOM 事件并触发执行。具体案例如下。

【案例 4-1】方法事件处理器。

```
01   <!DOCTYPE html>
02   <html lang="en">
03    <head>
04     <meta charset="UTF-8" />
05     <title>4-1</title>
06     <script src="https://unpkg.com/vue@3"></script>
07    </head>
08    <body>
09     <div id="app">
10       <button @click="greet">Greet</button>
11     </div>
12     <script>
13      const { createApp } = Vue;
14      createApp({
15        data() {
16          return {
17            name: "Vue.js",
18          };
19        },
20        methods: {
21          greet() {
22            // 方法中的 this 指向当前活跃的组件实例
23            alert(`Hello ${this.name}!`);
```

```
24                },
25              },
26          }).mount("#app");
27        </script>
28      </body>
29    </html>
```

【代码说明】

第 10 行代码中，按钮绑定单击事件，方法事件处理器是 greet。当单击按钮时，方法被调用，并弹出对话框。

运行结果如图 4-1 所示。

图 4-1　方法事件处理器

【案例 4-2】通过方法事件处理器访问 DOM 元素。

```
01    <!DOCTYPE html>
02    <html lang="en">
03      <head>
04        <meta charset="UTF-8" />
05        <title>4-2</title>
06        <script src="https://unpkg.com/vue@3"></script>
07      </head>
08      <body>
09        <div id="app">
10          <h1 @click="getMsg">{{msg}}</h1>
11        </div>
12        <script>
13          const { createApp } = Vue;
14          createApp({
15            data() {
16              return {
17                msg: "不积跬步，无以至千里。",
18              };
19            },
20            methods: {
21              getMsg(event) {
22                console.log(event.target);
23                console.log(event.target.tagName);
24                console.log(event.target.innerHTML);
25              },
26            },
27          }).mount("#app");
```

```
28          </script>
29      </body>
30   </html>
```

【代码说明】

第 10 行代码中，按钮绑定单击事件，方法事件处理器是 getMsg。当单击按钮时，方法被调用。方法事件处理器默认可以接收到事件对象参数 event，能够通过被触发事件的 event.target.tagName 访问该 DOM 元素。在这个案例中，事件被触发后，控制台中可以看到输出的结果是 event.target 事件触发目标 h1 元素，event.target.tagName 事件触发目标的标签名是 h1，event.target.innerHTML 触发目标元素的内容是"不积跬步，无以至千里。"。

运行结果如图 4-2 所示。

图 4-2　通过方法事件处理器访问 DOM 元素

4.1.3　内联事件处理器

内联事件处理器通常用于比较简单的场景，具体案例如下。

【案例 4-3】内联事件处理器。

```
01   <!DOCTYPE html>
02   <html lang="en">
03     <head>
04       <meta charset="UTF-8" />
05       <title>4-3</title>
06       <script src="https://unpkg.com/vue@3"></script>
07     </head>
08     <body>
09       <div id="app">
10         <button @click="count++">加1</button>
11         <p>Count is: {{ count }}</p>
12       </div>
13       <script>
14       const { createApp } = Vue;
15       createApp({
16         data() {
17           return {
18             count: 0,
```

```
19              };
20          },
21      )).mount("#app");
22      </script>
23    </body>
24  </html>
```

【代码说明】

第 10 行代码中，按钮绑定了内联事件处理器。每单击一次按钮，就执行一次语句"count++"，即 count 值加 1。我们可以在第 11 行的 p 元素中看到 count 值的变化。

运行结果如图 4-3 所示。

图 4-3　内联事件处理器

【案例 4-4】在内联事件处理器中调用方法。

```
01  <!DOCTYPE html>
02  <html lang="en">
03    <head>
04      <meta charset="UTF-8" />
05      <title>4-4</title>
06      <script src="https://unpkg.com/vue@3"></script>
07    </head>
08    <body>
09      <div id="app">
10        <button @click="show('登录')">登录</button>
11        <button @click="show('注册')">注册</button>
12      </div>
13      <script>
14      const { createApp } = Vue;
15      createApp({
16        data() {
17          return {};
18        },
19        methods: {
20          show(msg) {
21            alert("你选择的是: " + msg);
22          },
23        },
24      )).mount("#app");
25      </script>
26    </body>
27  </html>
```

【代码说明】

第 20 行代码中，show 方法定义了一个参数 msg。

第 10 行、11 行代码中，两个按钮分别绑定了单击事件，并且在内联事件处理器中调用了 show 方法，向该方法传入了自定义参数以代替原生事件。

运行结果如图 4-4 所示。

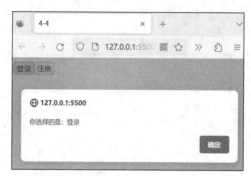

图 4-4　在内联事件处理器中调用方法

【案例 4-5】在内联事件处理器中访问事件参数。

```
01    <!DOCTYPE html>
02    <html lang="en">
03      <head>
04        <meta charset="UTF-8" />
05        <title>4-5</title>
06        <script src="https://unpkg.com/vue@3"></script>
07      </head>
08      <body>
09        <div id="app">
10          <form action="http://www.baidu.com">
11            <!-- 使用特殊的 $event 变量 -->
12            <button @click="warn('表单不能被提交', $event)">提交</button>
13            <!-- 使用内联箭头函数 -->
14            <button @click="(event) => warn('表单不能被提交', event)">提交</button>
15          </form>
16        </div>
17        <script>
18        const { createApp } = Vue;
19        createApp({
20          data() {
21            return {};
22          },
23          methods: {
24            warn(message, event) {
25              // 这里可以访问原生 DOM 事件
26              if (event) {
27                event.preventDefault();
28                alert(message);
29              }
30            },
31          },
32        }).mount("#app");
33      </script>
```

```
34      </body>
35    </html>
```

【代码说明】

第 24 行代码中，warn 方法定义了两个参数。

第 12 行代码中，按钮绑定单击事件，向内联事件处理器的 warn 方法中传入两个参数。第二个参数是一个特殊的$event 变量，这样我们就可以让内联事件处理器访问原生 DOM 事件。单击按钮时，warn 方法被调用，则表单提交被阻止。

第 14 行代码中，按钮绑定的内联事件处理器使用的是内联箭头函数形式。

运行结果如图 4-5 所示。

图 4-5　在内联事件处理器中访问事件参数

4.2　修饰符

在第 3 章中我们已经了解到，指令修饰符是紧跟指令名称，以点开头的特殊后缀，它表明指令需要以一些特殊的方式被绑定。

4.2.1　事件修饰符

4.2　修饰符

我们在处理事件时经常会调用 event.preventDefault 或 event.stopPropagation 方法，为了使这些方法能更专注于数据逻辑而不用去处理 DOM 事件的细节，Vue.js 为我们提供了 v-on指令的修饰符。主要包含以下几种修饰符。

.stop：阻止事件传播。

.prevent：阻止事件默认行为。

.self：仅元素自身触发。

.capture：默认的冒泡事件改为捕获事件。

.once：事件最多被触发一次。

当同时使用多个事件修饰符时，要注意修饰符的调用顺序。例如，@click.prevent.self 会阻止元素及其子元素的所有单击事件的默认行为，而@click.self.prevent 只会阻止对元素本身的单击事件的默认行为。

具体案例如下。

【案例 4-6】事件修饰符。

```
01  <!DOCTYPE html>
02  <html lang="en">
03    <head>
04      <meta charset="UTF-8" />
05      <title>4-6</title>
06      <style>
07        p {
08          width: 200px;
09          height: 50px;
10          background-color: #ccc;
11        }
12      </style>
13      <script src="https://unpkg.com/vue@3"></script>
14    </head>
15    <body>
16      <div id="app">
17        <!-- 事件修饰符: 只触发一次 -->
18        <p><button @click.once="doThis">一次</button></p>
19        <!-- 阻止事件默认行为: 阻止超级链接跳转和表单提交-->
20        <p><a href="http://www.baidu.com" @click.prevent>链接</a></p>
21        <form @submit.prevent></form>
22        <!-- 阻止事件传播 -->
23        <p @click="doParent">
24          <button @click.stop="doThis">阻止事件传播</button>
25        </p>
26        <!-- 默认的冒泡事件改为事件捕获 -->
27        <p @click.capture="doParent">
28          <button @click="doThis">事件捕获</button>
29        </p>
30        <!-- 自身触发: 仅当 event.target 是元素本身时才会触发事件处理器 -->
31        <p @click.self="doParent">
32          <button @click="doThis">self</button>
33        </p>
34      </div>
35      <script>
36      const { createApp } = Vue;
37      createApp({
38        data() {
39          return {};
40        },
41        methods: {
42          doParent() {
43            console.log("parent");
44          },
45          doThis() {
46            console.log("this");
47          },
48        },
```

```
49          })).mount("#app");
50      </script>
51    </body>
52  </html>
```

【代码说明】

第 18 行代码中，按钮单击事件的修饰符.once 指定按钮只能被点击一次。即使多次点击按钮，事件也不会被多次触发。

第 20 行代码中，超级链接单击事件的修饰符.prevent 阻止了超级链接的跳转。

第 21 行代码中，表单提交事件的修饰符.prvent 阻止了表单的提交。

第 24 行代码中，按钮单击事件的修饰符.stop 阻止了事件传播。

第 27 行代码中，按钮单击事件的修饰符.capture 将 Vue.js 的默认冒泡事件改为捕获事件。

第 31 行代码中，按钮单击事件的修饰符.self 指定仅当单击目标是 p 元素本身时才会触发事件处理器。

运行结果如图 4-6 所示。

图 4-6 事件修饰符

4.2.2 按键修饰符

有些事件是通过按键触发的，因此我们在监听键盘事件时需要经常检查特定的按键。Vue.js 允许在 v-on 或@监听按键事件时添加按键修饰符。具体案例如下。

【案例 4-7】按键修饰符。

```
01  <!DOCTYPE html>
02  <html lang="en">
03    <head>
04      <meta charset="UTF-8" />
05      <title>4-7</title>
06      <script src="https://unpkg.com/vue@3"></script>
```

69

```
07        </head>
08        <body>
09         <div id="app">
10           <!-- 仅在 key 为"Enter"时调用 submit -->
11           <p><input type="text" @keyup.enter="submit" /></p>
12           <!-- 在 $event.key 为"PageDown"时调用事件处理器 -->
13           <p><input type="text" @keyup.page-down="submit" /></p>
14         </div>
15         <script>
16           const { createApp } = Vue;
17           createApp({
18             data() {
19               return {};
20             },
21             methods: {
22               submit() {
23                 console.log("表单提交");
24               },
25             },
26           }).mount("#app");
27         </script>
28        </body>
29    </html>
```

【代码说明】

第 11 行代码为当焦点在文本框中，按下"Enter"键时，submit 事件会被触发。Vue.js 提供了一些常用的按键别名，例如 .enter、.tab、.delete（捕获"Delete"和"Backspace"两个按键）、.esc、.space、.up、.down、.left、.right 等。

第 13 行代码为当焦点在文本框中，按下"PageDown"键时，submit 事件会被触发。这里的修饰符.page-down 由名称 PageDown 转换得来。当直接使用 KeyboardEvent.key 暴露的按键名称作为修饰符时需要转换为短横线命名（kebab-case）形式。

运行结果如图 4-7 所示。

图 4-7　按键修饰符

【案例 4-8】系统按键修饰符。

```
01    <!DOCTYPE html>
02    <html lang="en">
03      <head>
```

```
04        <meta charset="UTF-8" />
05        <title>4-8</title>
06        <script src="https://unpkg.com/vue@3"></script>
07    </head>
08    <body>
09      <div id="app">
10        <!-- Alt + Enter -->
11        <p><input type="text" @keyup.alt.enter="submit" /></p>
12        <!-- Ctrl + 单击 -->
13        <p @click.ctrl="pClick">单击段落</p>
14      </div>
15      <script>
16        const { createApp } = Vue;
17        createApp({
18          data() {
19            return {};
20          },
21          methods: {
22            submit() {
23              console.log("表单提交");
24            },
25            pClick() {
26              console.log("段落被单击了");
27            },
28          },
29        }).mount("#app");
30      </script>
31    </body>
32 </html>
```

【代码说明】

第 11 行代码为当焦点在文本框中同时按下 "Alt" 键和 "Enter" 键时，submit 事件会被触发。

第 13 行代码为当按住 "Ctrl" 键的同时单击段落时，pClick 事件会被触发。

上面使用的修饰符是 Vue.js 提供的系统按键修饰符，系统按键修饰符包括.ctrl、.alt、.shift、.meta 等。注意，系统按键修饰符和常规按键修饰符有一些不同。当它们与 keyup 事件一起使用时，只有对应按键在按下状态时事件才会被触发。例如，keyup.ctrl 只有在按住 "Ctrl" 键但松开了另一个键的状态下才会被触发，如果单独松开 "Ctrl" 键则不会被触发。

运行结果如图 4-8 所示。

图 4-8　系统按键修饰符

【案例4-9】.exact 修饰符。

```
01    <!DOCTYPE html>
02    <html lang="en">
03      <head>
04        <meta charset="UTF-8" />
05        <title>4-9</title>
06        <script src="https://unpkg.com/vue@3"></script>
07      </head>
08      <body>
09        <div id="app">
10          <!-- 仅当按下"Ctrl"键且未按任何其他键时才会触发事件 -->
11          <button @click.ctrl.exact="btnClick">按下 Ctrl 键并单击</button>
12          <!-- 仅当没有按下任何系统按键时触发事件 -->
13          <button @click.exact="btnClick">单击</button>
14        </div>
15        <script>
16          const { createApp } = Vue;
17          createApp({
18            data() {
19              return {};
20            },
21            methods: {
22              btnClick() {
23                console.log("按钮被单击了");
24              }
25            },
26          }).mount("#app");
27        </script>
28      </body>
29    </html>
```

【代码说明】

第 11 行代码中，按钮单击事件使用了.ctrl 和.exact 两个修饰符，指定仅当按下"Ctrl"键且未按任何其他键时事件才会被触发。.exact 修饰符可以控制触发一个事件所需的确定的系统按键修饰符组合。

第 13 行代码中，按钮单击事件只使用了.exact 修饰符，指定仅当没有按下任何系统按键时触发事件。

运行结果如图 4-9 所示。

图 4-9　.exact 修饰符

4.2.3　鼠标按键修饰符

除了上面的修饰符，Vue.js 还提供了.left、.right、.middle 鼠标按键修饰符，它们将处理程序中限定为由特定鼠标按键触发的事件。示例代码如下。

```
<!-- 只有当按下鼠标右键时才会触发 -->
<button @click.right="btnClick">A</button>
```

4.3　watch 侦听

在某些情况下，我们需要在数据状态变化时做一些操作，这样就需要实时地在代码中侦听这个数据。

4.3.1　侦听器

4.3　watch 侦听

Vue.js 提供了实例的 watch 侦听器选项，通过它可以实现侦听功能。通过设置侦听，在每次响应式属性发生变化时会触发一个函数。具体案例如下。

【案例 4-10】watch 侦听。

```
01    <!DOCTYPE html>
02    <html lang="en">
03      <head>
04        <meta charset="UTF-8" />
05        <title>4-10</title>
06        <script src="https://unpkg.com/vue@3"></script>
07      </head>
08      <body>
09        <div id="app">
10          <p>商品数量: <input type="text" v-model.lazy="amount" /></p>
11        </div>
12        <script>
13        const { createApp } = Vue;
14        createApp({
15          data() {
16            return {
17              amount: 50,
18            };
19          },
20          methods: {
21            changeAmount() {
22              this.amount = 80;
23            },
24          },
25          watch: {
26            amount(newValue, oldValue) {
27        console.log("数量变化了!","新值:", newValue,"旧值:", oldValue);
28            },
```

```
29          },
30        })).mount("#app");
31      </script>
32    </body>
33  </html>
```

【代码说明】

第 25 行代码中，watch 是 Vue.js 组件实例的一个选项。

第 26 行代码为在 watch 选项中创建一个或多个侦听方法，侦听方法名是要侦听的数据名，这个实例中要侦听的数据是商品数量 amount，方法名即为 amount。这个侦听方法接收两个默认参数，第一个参数是数据改变后的值，第二个参数是数据原始值。

第 27 行代码为侦听方法调用时在控制台输出新值和旧值。当改变页面文本框中的数量时，即改变 amount 的值时，可以看到输出结果。

运行结果如图 4-10 所示。

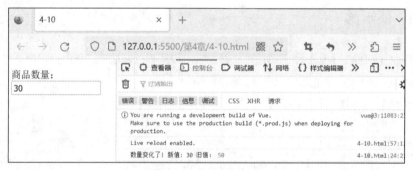

图 4-10   watch 侦听

4.3.2 深层侦听器

watch 默认的侦听方式是浅层侦听，即如果侦听的数据是对象，仅在对象被赋新值时才会触发回调函数；如果对象中的属性发生变化，则不会触发。如果想侦听所有对象属性的变更，可以使用深层侦听器。深层侦听器需要遍历被侦听对象的所有属性，当用于大型数据结构时开销很大，所以只在必要时才使用深层侦听器。具体案例如下。

【案例 4-11】深层侦听器。

```
01  <!DOCTYPE html>
02  <html lang="en">
03    <head>
04      <meta charset="UTF-8" />
05      <title>4-11</title>
06      <script src="https://unpkg.com/vue@3"></script>
07    </head>
08    <body>
09      <div id="app">
10        <h2>{{ info.id }}:{{ info.type }}</h2>
11        <button @click="changeInfo">修改 info</button>
12      </div>
```

```
13      <script>
14        const { createApp } = Vue;
15        createApp({
16          data() {
17            return {
18              info: { id: "01", type: 'fruit' },
19            };
20          },
21          methods: {
22            changeInfo() {
23              this.info.id = "02";
24            },
25          },
26          watch: {
27            // 默认 watch 监听不会进行深层侦听，对象的属性改变时不会被侦听到
28            info: {
29              handler(newValue, oldValue) {
30                console.log("侦听到 info 改变:", newValue.id, oldValue.id);
31              },
32              // info 进行深层侦听：对象的属性改变时也可以被侦听到
33              deep: true,
34            },
35          },
36        }).mount("#app");
37      </script>
38    </body>
39  </html>
```

【代码说明】

第 28 行代码通过设置对象以实现深层侦听，这个对象的名字就是要侦听的数据名。

第 29 行代码中，handler 方法是侦听执行的回调函数，同样接收两个默认参数。

第 33 行代码中，deep 属性为 true 时会执行深层侦听。

第 30 行代码为当单击页面按钮改变 info 的 id 属性时，会调用侦听方法输出结果。注意这里的旧值将与新值相同，因为它们的引用指向同一个对象或数组。Vue.js 不会保留之前值的副本。

运行结果如图 4-11 所示。

图 4-11　深层侦听器

【案例 4-12】深层侦听获取不同新值和旧值。

```
01    <!DOCTYPE html>
02    <html lang="en">
03      <head>
04        <meta charset="UTF-8" />
05        <title>4-12</title>
06        <script src="https://unpkg.com/vue@3"></script>
07      </head>
08      <body>
09        <div id="app">
10          <h2>{{ info.id }}:{{ info.type }}</h2>
11          <button @click="changeInfo">修改 info</button>
12        </div>
13        <script>
14          const { createApp } = Vue;
15          createApp({
16            data() {
17              return {
18                info: { id: "01", type: 'fruit' },
19              };
20            },
21            methods: {
22              changeInfo() {
23                this.info.id = "02";
24              },
25            },
26            computed: {
27              newInfo() {
28                return JSON.parse(JSON.stringify(this.info));
29              },
30            },
31            watch: {
32              // 默认 watch 监听不会进行深层侦听，对象的属性改变时不会被侦听到
33              newInfo: {
34                handler(newValue, oldValue) {
35                  console.log("侦听到 info 改变:", newValue, oldValue);
36                },
37                // info 进行深层侦听：对象的属性改变时也可以被侦听到
38                deep: true,
39              },
40            },
41          }).mount("#app");
42        </script>
43      </body>
44    </html>
```

【代码说明】

第 27 行代码为了通过深层侦听获取不同的新值和旧值，将数据对象包装在一个 computed 属性中，用一个函数取代之前的对象。

第 33 行代码为此时侦听的对象是计算属性 newInfo。

第 35 行代码为调用侦听方法时将输出不同的新值和旧值。

运行结果如图 4-12 所示。

图 4-12　深层侦听获取不同新值和旧值

4.3.3　即时回调的侦听器

watch 选项默认是懒执行的，即仅当数据源变化时，才会执行回调。但在某些场景中，我们希望在创建侦听器时，立即执行一次回调。这时我们可以用另一种方式来声明侦听器，具体案例如下。

【案例 4-13】即时回调的侦听器。

```
01  <!DOCTYPE html>
02  <html lang="en">
03    <head>
04      <meta charset="UTF-8" />
05      <title>4-13</title>
06      <script src="https://unpkg.com/vue@3"></script>
07    </head>
08    <body>
09      <div id="app">
10        <h2>{{ info.id }}:{{ info.type }}</h2>
11        <button @click="changeInfo">修改 info</button>
12      </div>
13      <script>
14      const { createApp } = Vue;
15      createApp({
16        data() {
17          return {
18            info: { id: "01", type: 'fruit' },
19          };
20        },
21        methods: {
22          changeInfo() {
23            this.info.id = "02";
24          },
25        },
26        computed: {
27          newInfo() {
28            return JSON.parse(JSON.stringify(this.info));
29          },
30        },
```

```
31          watch: {
32            // 默认 watch 监听不会进行深层侦听，对象的属性改变时不会被侦听到
33            newInfo: {
34              handler(newValue, oldValue) {
35                console.log("侦听到 info 改变:", newValue, oldValue);
36              },
37              // info 进行深层侦听：对象的属性改变时也可以被侦听到
38              deep: true,
39              // 在第一次渲染时直接执行一次侦听器
40              immediate: true,
41            },
42          },
43        }).mount("#app");
44      </script>
45    </body>
46  </html>
```

【代码说明】

第 40 行代码通过使用 immediate:true 选项能强制回调函数立即执行，即在第一次渲染时直接执行一次侦听器。单击按钮修改 info 后还会再执行一次侦听器。通过控制台结果可以看到输出结果。

运行结果如图 4-13 所示。

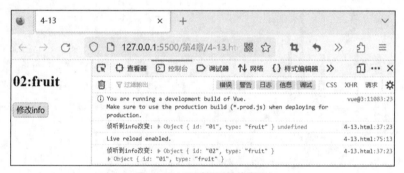

图 4-13　即时回调的侦听器

4.3.4　this.$watch

除了使用 watch 选项创建侦听器外，还可以使用组件实例的$watch 方法来命令式地创建一个侦听器。具体案例如下。

【案例 4-14】 this.$watch。

```
01  <!DOCTYPE html>
02  <html lang="en">
03    <head>
04      <meta charset="UTF-8" />
05      <title>4-14</title>
06      <script src="https://unpkg.com/vue@3"></script>
07    </head>
08    <body>
09      <div id="app">
```

```
10        <p>商品数量: <input type="text" v-model.lazy="amount" /></p>
11      </div>
12      <script>
13        const { createApp } = Vue;
14        createApp({
15          data() {
16            return {
17              amount: 50,
18            };
19          },
20          created() {
21            this.$watch("amount", (newValue, oldValue) => {
22          console.log("数量变化了!","新值:", newValue,"旧值:", oldValue);
23            });
24          },
25        }).mount("#app");
26      </script>
27    </body>
28  </html>
```

【代码说明】

第 20 行～24 行代码中，在 created 钩子函数中使用组件实例的 this.$watch 方法命令式地创建了一个侦听器。第一个参数是要侦听的数据名，第二个参数是执行侦听的回调函数。如果要在特定条件下设置一个侦听器，或者只侦听响应用户交互的内容，这个方法很有用。使用 this.$watch 方法创建的侦听器可以被停止。

运行结果如图 4-14 所示。

图 4-14　this.$watch

4.3.5　停止侦听器

用 watch 选项或者$watch 实例方法声明的侦听器，会在宿主组件卸载时自动停止。但是在少数情况下，需要在组件卸载之前主动停止一个侦听器，这一需求可以通过调用$watch API 返回的函数来实现。示例代码如下。

```
const unwatch = this.$watch('foo', callback)
// 停止侦听器
unwatch()
```

本章小结

本章主要介绍了 Vue.js 中的事件处理方法、wacth 选项的使用。通过学习，我们了解了 Vue.js 的监听事件、方法事件处理器、内联事件处理器、watch 侦听的方法等几个方面的内容。

习 题

4-1　方法事件处理器和内联事件处理器有什么区别？

4-2　Vue.js 在事件处理中可以使用哪些事件修饰符？

4-3　利用 watch 实现图书实时检索。

4-4　实现购物车的几个功能。

（1）单击+、–实现数量增加和减少。

（2）单击"移除"按钮，删除此图书。

（3）自动计算总价格。

（4）购物车清空时隐藏表格，并且显示"购物车为空"。

序号	图书名称	出版日期	价格	购买数量		操作
1	《JavaScript高级编程》	2006-9	￥85.00	– 1	+	移除
2	《C语言基础》	2006-2	￥59.00	– 1	+	移除
3	《Java高级语言》	2008-10	￥39.00	– 1	+	移除
4	《代码大全》	2006-3	￥128.00	– 1	+	移除
5	《你不知道JavaScript》	2014-8	￥88.00	– 1	+	移除

总价格：￥399.00

4-5　实现在学生管理页面创建新用户的功能。

第5章

Vue.js样式绑定

05

本章导读

Web 前端开发的一个常见需求场景是操纵 HTML 元素的 CSS 样式和内联样式,应用 Vue.js 框架后可以使用 v-bind 指令将 HTML 元素的 class 属性和 style 属性绑定到指定的值上来满足需求。在处理比较复杂的 CSS 样式和内联样式绑定时，直接绑定字符串类型的样式名或内联样式是很低效且容易出错的。Vue.js 专门为 class 属性和 style 属性的数据绑定提供了增强的功能，除了绑定字符串外也能绑定对象或数组。本章将介绍 Vue.js 中绑定 CSS 样式和内联样式的方法。

本章要点

- 直接绑定样式
- 直接绑定样式对象或数组
- 绑定内联样式
- 绑定内联样式对象或数组
- 计算属性绑定样式

5.1 Vue.js 绑定样式

Web 前端开发中操纵 HTML 元素的样式本质上是对 HTML 元素中的 class 属性和 style 属性进行设置。在前文学到过，引入 Vue.js 后，HTML 元素里的属性可以使用 v-bind 指令将它们和动态的字符串绑定，一般来说，对于 class 属性和 style 属性也能这样设置。

除了这种方式，由于在处理比较复杂的 CSS 样式和内联样式绑定时，需要频繁地进行拼接字符串操作，而这类操作很麻烦且容易出错，Vue.js 还专门为 HTML 元素中 class 属性和 style 属性的数据绑定提供了专有的方式来简化操作和增强功能。

5.1.1 静态绑定样式

静态绑定指的是直接使用 v-bind:class（缩写为:class）指令将样式绑定到 HTML 元素的 class 属性上，该方式等同于直接固定 HTML 元素的样式，是最基本的绑定样式的方式。具体案例如下。

5.1.1 静态绑定样式

【案例 5-1】直接绑定样式。

```
01    <!DOCTYPE html>
02    <html lang="en">
03    <head>
04        <meta charset="UTF-8">
05        <script src="https://unpkg.com/vue@3"></script>
06        <title>5-1</title>
07    </head>
08    <body>
09      <style>
10        .smallFont{
11          font-size: 18px;
12        }
13        .mediumFont{
14          font-size: 26px;
15        }
16        .bigFont{
17          font-size: 34px;
18        }
19      </style>
20      <div id="app">
21        <div>
22          <h1>筑梦苍穹——中国载人航天三十年</h1>
23        </div>
24        <div>
25          <div :class="font1">
26            <p>1992 年 9 月 21 日<br/>
27              中国载人航天工程正式立项实施</p>
28          </div>
29          <div :class="font2">
```

```
30              <p>2022 年 10 月 31 日<br/>
31              中国空间站全面建成</p>
32          </div>
33          <div :class="font3">
34              <p>登月计划<br/>
35              中国载人月球探测工程登月阶段任务已启动实施,
36              计划在 2030 年前实现中国人首次登陆月球。</p>
37          </div>
38      </div>
39  </div>
40  <script>
41      const { createApp } = Vue
42      createApp({
43          data() {
44              return {
45                  font1:"bigFont",
46                  font2:"mediumFont",
47                  font3:"smallFont"
48              }
49          }
50      }).mount('#app')
51  </script>
52  </body>
53  </html>
```

【代码说明】

第 05 行代码通过<script>标签,从公开的 CDN 引入了最新版本的 Vue.js 3.x。

第 43 行~49 行代码通过定义 data 方法返回样式数据,对应数据字段为 font1、font2 和 font3。

第 25 行、29 行和 33 行代码使用:class 指令将样式数据绑定到对应 div 元素上。

运行结果如图 5-1 所示。

图 5-1　直接绑定样式

5.1.2　动态绑定样式

Vue.js 可以使用绑定对象或绑定数组的方式来设置 HTML 元素的样式。

绑定对象指的是给 v-bind:class(缩写为:class)指令传递一个对象来动态设

5.1.2　动态绑定样式

置 HTML 元素的样式，示例代码如下。

```
<div :class="{ bigFontSize: isActive }"></div>
```

示例中的语法表示由 isActive 的取值（true 或 false）来确定 div 的样式是否设置为 bigFontSize。

使用绑定对象来设置样式也支持在对象中写入多个字段来为 HTML 元素设置多个样式，同时:class 指令也可以和 HTML 元素原有的 class 属性共存，具体案例如下。

【案例 5-2】绑定对象来设置样式。

```
01  <!DOCTYPE html>
02  <html lang="en">
03  <head>
04    <meta charset="UTF-8">
05    <script src="https://unpkg.com/vue@3"></script>
06    <title>5-2</title>
07  </head>
08  <body>
09   <style>
10    .smallFont{
11      font-size: 18px;
12    }
13    .mediumFont{
14      font-size: 26px;
15    }
16    .bigFont{
17      font-size: 34px;
18    }
19   </style>
20   <div id="app">
21     <div>
22        <h1>筑梦苍穹——中国载人航天三十年</h1>
23     </div>
24     <div>
25       <div :class="{'bigFont':useFont1}">
26          <p>1992 年 9 月 21 日<br/>
27           中国载人航天工程正式立项实施</p>
28       </div>
29       <div :class="{'mediumFont':useFont2}">
30         <p>2022 年 10 月 31 日<br/>
31          中国空间站全面建成</p>
32       </div>
33       <div :class="{'smallFont':useFont3}">
34         <p>登月计划<br/>
35          中国载人月球探测工程登月阶段任务已启动实施，
36          计划在 2030 年前实现中国人首次登陆月球。</p>
37       </div>
38     </div>
39   </div>
40   <script>
41     const { createApp } = Vue
42     createApp({
43        data() {
```

```
44              return {
45                  useFont1:true,
46                  useFont2:false,
47                  useFont3:true
48              }
49          }
50      }).mount('#app')
51    </script>
52  </body>
53  </html>
```

【代码说明】

第 05 行代码通过<script>标签，从公开的 CDN 引入了最新版本的 Vue.js 3.x。

第 25 行、29 行和 33 行代码绑定对象到:class 指令上。

第 44 行~48 行代码在 data 方法中返回 useFont1、useFont2 和 useFont3 的值，这 3 个数据的值决定了绑定到:class 指令对象中的样式是否渲染到对应的 HTML 元素中。

运行结果如图 5-2 所示。

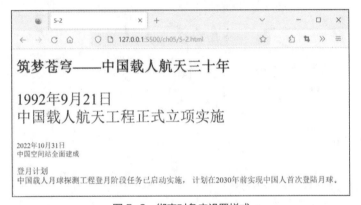

图 5-2　绑定对象来设置样式

使用绑定对象设置样式这种方式比直接绑定样式更加灵活，如果在【案例 5-2】中修改 useFont1、useFont2 和 useFont3 的值，对应 HTML 元素绑定的样式也会随之更新。举例来说，如果 useFont3 的值变为 false，则【案例 5-2】中第 33 行代码的样式将被清空。

使用绑定对象设置样式可以灵活控制目标 HTML 元素的样式，具体案例如下。

【案例 5-3】动态改变样式。

```
01  <!DOCTYPE html>
02  <html lang="en">
03  <head>
04    <meta charset="UTF-8">
05    <script src="https://unpkg.com/vue@3"></script>
06    <title>5-3</title>
07  </head>
08  <body>
09   <style>
10    .smallFont{
11      font-size: 18px;
12    }
```

```
13        .mediumFont{
14          font-size: 24px;
15        }
16        .bigFont{
17          font-size: 32px;
18        }
19    </style>
20    <div id="app">
21        <div>
22          <h1>筑梦苍穹——中国载人航天三十年</h1>
23        </div>
24        <div>
25          <div :class="{'bigFont':useFont1}">
26            <p>1992年9月21日<br/>
27              中国载人航天工程正式立项实施</p>
28          </div>
29          <div :class="{'mediumFont':useFont2}">
30            <p>2022年10月31日<br/>
31              中国空间站全面建成</p>
32          </div>
33          <div :class="{'smallFont':useFont3}">
34            <p>登月计划<br/>
35              中国载人月球探测工程登月阶段任务已启动实施,
36              计划在2030年前实现中国人首次登陆月球。</p>
37          </div>
38        </div>
39        <button @click="toggleFont">切换样式</button>
40    </div>
41    <script>
42        const { createApp } = Vue
43        createApp({
44          data() {
45            return {
46              useFont1:true,
47              useFont2:false,
48              useFont3:true
49            }
50          },
51          methods:{
52            toggleFont() {
53              this.useFont1=!this.useFont1;
54              this.useFont2=!this.useFont2;
55              this.useFont3=!this.useFont3;
56            }
57          }
58        }).mount('#app')
59    </script>
60    </body>
61    </html>
```

【代码说明】

第05行代码通过<script>标签，从公开的CDN引入了最新版本的Vue.js 3.x。

第 39 行代码为按钮绑定单击事件处理方法 toggleFont，在该方法中 useFont1、useFont2 和 useFont3 的值被取反，这 3 个数据的值改变后，对应第 25 行、29 行和 33 行代码的样式也随之启用或停用。

运行结果如图 5-3 所示。

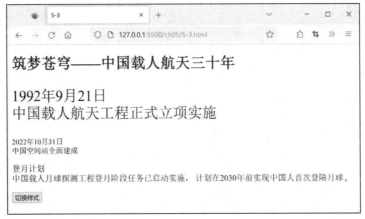

图 5-3　动态改变样式

5.1.3　绑定多个样式

5.1.3　绑定多个样式

使用:class 指令指定绑定对象的方式可以为一个 HTML 元素同时绑定多个样式，并且可以动态指定哪些样式启用、哪些样式不启用，具体案例如下。

【案例 5-4】绑定多个样式。

```
01  <!DOCTYPE html>
02  <html lang="en">
03  <head>
04    <meta charset="UTF-8">
05    <script src="https://unpkg.com/vue@3"></script>
06    <title>5-4</title>
07  </head>
08  <body>
09   <style>
10     .smallFont{
11       font-size: 18px;
12     }
13     .mediumFont{
14       font-size: 26px;
15     }
16     .bigFont{
17       font-size: 34px;
18     }
19     .underlineFont{
20       text-decoration:underline;
21     }
22     .italicFont{
23       font-style: italic;
```

87

```
24          }
25        .rightAlignFont{
26          width: 500px;
27          text-align: right;
28        }
29      </style>
30      <div id="app">
31          <div>
32              <h1>筑梦苍穹——中国载人航天三十年</h1>
33          </div>
34          <div>
35      <div :class="{'bigFont':useFont1,'underlineFont':useUnderline}">
36              <p>1992 年 9 月 21 日<br/>
37                  中国载人航天工程正式立项实施</p>
38          </div>
39      <div :class="{'mediumFont':useFont2,'italicFont':useItalic}">
40              <p>2022 年 10 月 31 日<br/>
41                  中国空间站全面建成</p>
42          </div>
43  <div :class="{'smallFont':useFont3,'rightAlignFont':useRightAlign}">
44              <p>登月计划<br/>
45                  中国载人月球探测工程登月阶段任务已启动实施，
46                  计划在 2030 年前实现中国人首次登陆月球。</p>
47          </div>
48          </div>
49      </div>
50      <script>
51          const { createApp } = Vue
52          createApp({
53              data() {
54                  return {
55                      useFont1:true,
56                      useUnderline:true,
57                      useFont2:false,
58                      useItalic:true,
59                      useFont3:false,
60                      useRightAlign:true
61                  }
62              }
63          }).mount('#app')
64      </script>
65  </body>
66  </html>
```

【代码说明】

第 05 行代码中，通过<script>标签，从公开的 CDN 引入了最新版本的 Vue.js 3.x。

第 35 行、39 行和 43 行代码中，使用:class 指令绑定了对象到 HTML 元素上，绑定的对象中每个字段的名字都代表一个样式，每个字段的值都是布尔类型的，每个字段代表的样式是否启用由对象的字段值确定。

第 53 行~62 行代码中,data 方法返回了一组数据,这些数据即第 35 行、39 行和 43 行代码中:class 指令绑定的对象中的每个字段的值。

运行结果如图 5-4 所示。

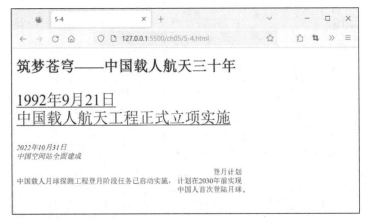

图 5-4　绑定多个样式

5.2　通过数组绑定样式

除了直接绑定 CSS 样式到 HTML 元素上,Vue.js 还支持绑定包含 CSS 样式的数组,通过:class 指令绑定一个包含多个 CSS 样式或样式对象的数组,数组中的全部样式会被渲染到目标 HTML 元素上。具体案例如下。

5.2　通过数组绑定样式

【案例 5-5】数组绑定样式。

```
01  <!DOCTYPE html>
02  <html lang="en">
03  <head>
04    <meta charset="UTF-8">
05    <script src="https://unpkg.com/vue@3"></script>
06    <title>5-5</title>
07  </head>
08  <body>
09   <style>
10     .smallFont{
11       font-size: 18px;
12     }
13     .mediumFont{
14       font-size: 26px;
15     }
16     .bigFont{
17       font-size: 34px;
18     }
19     .underlineFont{
20       text-decoration:underline;
21     }
22     .italicFont{
```

```
23          font-style: italic;
24        }
25      .rightAlignFont{
26        width: 500px;
27        text-align: right;
28      }
29    </style>
30    <div id="app">
31      <div>
32        <h1>筑梦苍穹——中国载人航天三十年</h1>
33      </div>
34      <div>
35        <div :class="[font1 , font2]">
36          <p>1992 年 9 月 21 日<br/>
37            中国载人航天工程正式立项实施</p>
38        </div>
39        <div :class="[useFont ? font4 : '' , font3]">
40          <p>2022 年 10 月 31 日<br/>
41            中国空间站全面建成</p>
42        </div>
43        <div :class="[{rightAlignFont : useFont} , font5]">
44          <p>登月计划<br/>
45            中国载人月球探测工程登月阶段任务已启动实施，
46            计划在 2030 年前实现中国人首次登陆月球。</p>
47        </div>
48      </div>
49    </div>
50    <script>
51      const { createApp } = Vue
52      createApp({
53        data() {
54          return {
55            useFont:true,
56            font1:"bigFont",
57            font2:"underlineFont",
58            font3:"mediumFont",
59            font4:"italicFont",
60            font5:"smallFont",
61            font6:"rightAlignFont"
62          }
63        }
64      }).mount('#app')
65    </script>
66  </body>
67  </html>
```

【代码说明】

第 05 行代码通过<script>标签，从公开的 CDN 引入了最新版本的 Vue.js 3.x。

第 35 行、39 行和 43 行代码中，使用:class 指令绑定了包含样式和样式对象的数组到 HTML 元素。第 35 行代码绑定的数组包含两个样式；第 39 行代码绑定的数组包含一个样式和一个三元表达式，三元表达式通过 useFont 的取值确定是否使用样式；第 43 行代码绑定的数组包含一个样式和一个样式对象。

第 53 行～63 行代码中，data 方法返回了一组数据，这些数据即第 35 行、39 行和 43 行代码中:class 指令绑定的数组中用到的样式名和字段。

运行结果如图 5-5 所示。

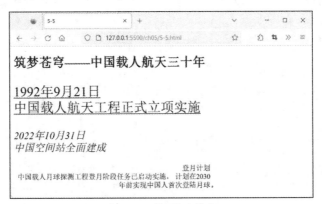

图 5-5　数组绑定样式

5.3　Vue.js 绑定内联样式

使用 Vue.js 时，如果需要通过 HTML 元素的 style 属性来设置样式，可以使用:style 指令绑定包含内联样式的 JavaScript 对象的方式来实现。

5.3.1　直接绑定内联样式

:style 指令可绑定 JavaScript 对象，对应的是 HTML 元素的 style 属性，示例代码如下。

5.3.1　直接绑定内
联样式

逻辑代码部分。

```
data() {
  return {
    activeColor: 'red',
    fontSize: 30
  }
}
```

模板部分。

```
<div :style="{ color: activeColor, fontSize: fontSize + 'px' }"></div>
```

通过上述方式，可将 color 和 fontSize 两个内联样式和对应的值绑定到 div 元素上。

内联样式名称在写法上推荐使用驼峰命名（camelCase）法，此外:style 指令也支持短横线命名形式的内联样式属性，它和 CSS 中的实际样式名称是一致的。也就是说，上面的模板部分的代码改成下面的写法也是可以的。

```
<div :style="{ color: activeColor, 'font-size': fontSize + 'px' }"></div>
```

【案例5-6】绑定内联样式。

```
01    <!DOCTYPE html>
02    <html lang="en">
03    <head>
04      <meta charset="UTF-8">
05      <script src="https://unpkg.com/vue@3"></script>
06      <title>5-6</title>
07    </head>
08    <body>
09      <div id="app">
10        <div>
11          <h1>筑梦苍穹——中国载人航天三十年</h1>
12        </div>
13        <div>
14          <div :style="{fontSize : fontSize + 'px' , textDecoration : decoration}">
15            <p>1992 年 9 月 21 日<br/>
16              中国载人航天工程正式立项实施</p>
17          </div>
18          <div>
19            <p>2022 年 10 月 31 日<br/>
20              中国空间站全面建成</p>
21          </div>
22          <div>
23            <p>登月计划<br/>
24              中国载人月球探测工程登月阶段任务已启动实施，
25              计划在 2030 年前实现中国人首次登陆月球。</p>
26          </div>
27        </div>
28      </div>
29      <script>
30        const { createApp } = Vue
31        createApp({
32          data() {
33            return {
34              fontSize : 34,
35              decoration : 'underline'
36            }
37          }
38        }).mount('#app')
39      </script>
40    </body>
41    </html>
```

【代码说明】

第 05 行代码通过<script>标签，从公开的 CDN 引入了最新版本的 Vue.js 3.x。

第 14 行代码使用:style 指令绑定了包含内联样式的 JavaScript 对象。

第 32 行～37 行代码中，**data** 方法返回了一组数据，这些数据为第 14 行代码中:style 指令绑定的 JavaScript 对象中用到的字段，表示内联样式的值。

运行结果如图 5-6 所示。

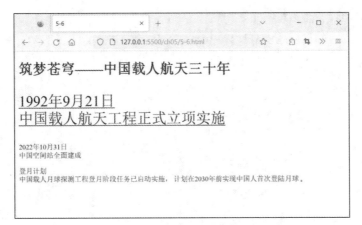

图 5-6　绑定内联样式

5.3.2　通过数组绑定内联样式

5.3.2　通过数组绑定定内联样式

:style 指令也支持绑定一个包含多个内联样式的 JavaScript 对象的数组，数组中的对象包含的内联样式被合并后会渲染到目标 HTML 元素上，具体案例如下。

【案例 5-7】通过数组绑定内联样式。

```
01  <!DOCTYPE html>
02  <html lang="en">
03  <head>
04      <meta charset="UTF-8">
05      <script src="https://unpkg.com/vue@3"></script>
06      <title>5-7</title>
07  </head>
08  <body>
09    <div id="app">
10      <div>
11          <h1>筑梦苍穹——中国载人航天三十年</h1>
12      </div>
13      <div>
14        <div :style="fontStyle1">
15         <p>1992 年 9 月 21 日<br/>
16          中国载人航天工程正式立项实施</p>
17        </div>
18        <div :style="[fontStyle2,fontStyle3]">
19         <p>2022 年 10 月 31 日<br/>
20          中国空间站全面建成</p>
21        </div>
22        <div :style="fontStyle3">
23         <p>登月计划<br/>
24          中国载人月球探测工程登月阶段任务已启动实施，
25          计划在 2030 年前实现中国人首次登陆月球。</p>
```

```
26              </div>
27            </div>
28        </div>
29    <script>
30        const { createApp } = Vue
31        createApp({
32          data() {
33            return {
34              fontStyle1:{
35                fontSize : '34px',
36                textDecoration : 'underline'
37              },
38              fontStyle2:{
39                fontSize : '26px',
40                fontStyle : 'italic'
41              },
42              fontStyle3:{
43                width:'500px',
44                textAlign:'right'
45              }
46            }
47          }
48        }).mount('#app')
49    </script>
50  </body>
51  </html>
```

【代码说明】

第 05 行代码通过<script>标签，从公开的 CDN 引入了最新版本的 Vue.js 3.x。

第 14 行和 22 行代码使用:style 指令绑定了包含内联样式的 JavaScript 对象，第 18 行代码中，使用:style 指令绑定了一个数组，该数组中有两个包含内联样式的 JavaScript 对象，对象中的内联样式都会被渲染到:style 指令对应的目标 HTML 元素上。

第 32 行～47 行代码中，data 方法返回了 fontStyle1、fontStyle2 和 fontStyle3 对象，其中包含不同的内联样式。

运行结果如图 5-7 所示。

图 5-7　通过数组绑定内联样式

5.4 使用计算属性绑定样式

前文介绍过计算属性，Vue.js 提供的:class 指令和:style 指令都支持使用计算属性绑定样式，使用计算属性来绑定样式能更好地支持有复杂程序逻辑的情况。具体案例如下。

5.4 使用计算属性绑定样式

【案例 5-8】计算属性绑定样式。

```
01    <!DOCTYPE html>
02    <html lang="en">
03    <head>
04        <meta charset="UTF-8">
05        <script src="https://unpkg.com/vue@3"></script>
06        <title>5-8</title>
07    </head>
08    <body>
09      <style>
10        .smallFont{
11          font-size: 18px;
12        }
13        .mediumFont{
14          font-size: 26px;
15        }
16        .bigFont{
17          font-size: 34px;
18        }
19        .underlineFont{
20          text-decoration:underline;
21        }
22        .italicFont{
23          font-style: italic;
24        }
25        .rightAlignFont{
26          width: 500px;
27          text-align: right;
28        }
29      </style>
30      <div id="app">
31        <div>
32            <h1>筑梦苍穹——中国载人航天三十年</h1>
33        </div>
34        <div>
35          <div :class="fontComputed1">
36            <p>1992 年 9 月 21 日<br/>
37              中国载人航天工程正式立项实施</p>
38          </div>
39          <div :class="fontComputed2">
40            <p>2022 年 10 月 31 日<br/>
41              中国空间站全面建成</p>
42          </div>
```

```
43          <div :style="fontComputed3">
44            <p>登月计划<br/>
45              中国载人月球探测工程登月阶段任务已启动实施，
46              计划在 2030 年前实现中国人首次登陆月球。</p>
47          </div>
48        </div>
49      </div>
50      <script>
51        const { createApp } = Vue
52        createApp({
53          data() {
54            return {
55            }
56          },
57          computed:{
58            fontComputed1:function() {
59              let isActive = true;
60              if(Math.random()<0.5){
61                isActive = false;
62              }
63              return {
64                'bigFont':isActive,
65                'underlineFont':!isActive
66              }
67            },
68            fontComputed2:function() {
69              let isActive = true;
70              if(Math.random()<0.5){
71                isActive = false;
72              }
73              return {
74                'mediumFont':isActive,
75                'italicFont':!isActive
76              }
77            },
78            fontComputed3:function() {
79              let fontSize = 18+Math.floor((Math.random()*8));
80              let width = 500+Math.floor((Math.random()*200));
81              return {
82                fontSize: fontSize+'px',
83                width: width+'px',
84                textAlign: 'right'
85              }
86            }
87          }
88        }).mount('#app')
89      </script>
90    </body>
91  </html>
```

【代码说明】

第 05 行代码通过<script>标签，从公开的 CDN 引入了最新版本的 Vue.js 3.x。

第 57 行～87 行代码定义了三个计算属性，分别为 fontComputed1、fontComputed2 和 fontComputed3。

第 59 行～62 行代码定义了局部的 isActive 变量并给其随机赋值 true 或 false，第 63 行～66 行代码根据 isActive 变量的取值返回包含样式的对象，该对象通过计算属性 fontComputed1 绑定到第 35 行代码中的 HTML 元素的:class 指令上。

第 69 行～72 行代码定义了局部的 isActive 变量并给其随机赋值 true 或 false，第 73 行～76 行代码根据 isActive 变量的取值返回包含样式的对象，该对象通过计算属性 fontComputed2 绑定到第 39 行代码中的 HTML 元素的:class 指令上。

第 79 行、80 行代码分别定义了名为 fontSize 和 width 的局部变量，并对其在[18,26)和[500,700)区间内随机赋值，第 81 行～85 行代码根据 fontSize 和 width 变量的取值返回包含内联样式的对象，该对象通过计算属性 fontComputed3 绑定到第 43 行代码中的 HTML 元素的:style 指令上。

运行结果如图 5-8 所示。由于使用了计算属性，代码会随机指定 CSS 样式的有效性和取值，所以每次刷新页面时 HTML 元素的样式效果都会改变。

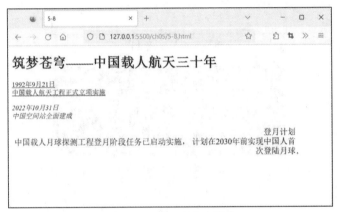

图 5-8　计算属性绑定样式

本章小结

本章主要介绍了 Vue.js 框架提供的 CSS 样式绑定和内联样式绑定方式。CSS 样式可以直接绑定样式名，也可以绑定 JavaScript 对象或数组，绑定 JavaScript 对象或数组在应用上更为灵活。内联样式可以通过绑定 JavaScript 对象或数组格式的内联样式数据到 HTML 元素的 style 属性上实现。绑定 CSS 样式和内联样式时也能使用计算属性支持有复杂程序逻辑的情况。

习　题

5-1　绑定样式与绑定内联样式有什么区别？

5-2　举例说明如何为一个页面元素绑定多个不同样式并分别控制样式的有效性。

5-3　举例说明绑定内联样式的 JavaScript 对象中的字段属性是如何与 CSS 中的样式条目对应

的，它们的转换规则是怎样的。

5-4 使用 Vue.js 的样式绑定实现图 5-9 所示的表格样式。

型号	品牌	出产年份	驱动类型
帝豪	吉利	2022	汽油车
宋PLUS	比亚迪	2021	电动车
问届M7	华为	2023	电动车
途观	大众	2019	汽油车

图 5-9　表格样式

5-5 创建页面实现夜间模式和白天模式之间的切换，效果如图 5-10 和图 5-11 所示。

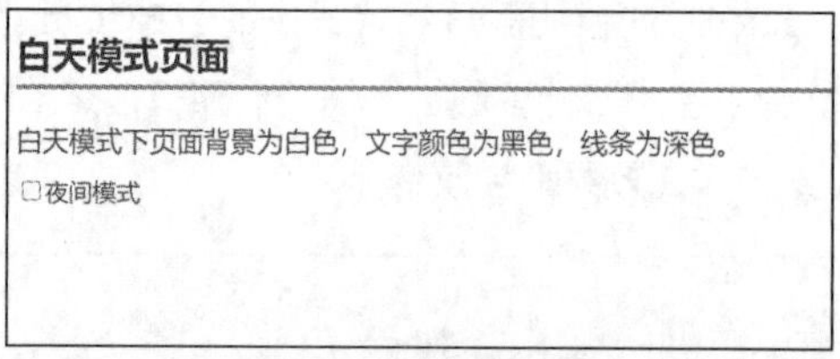

图 5-10　白天模式样式

图 5-11　夜间模式样式

高级应用篇

第6章

Vue.js组件

06

本章导读

组件（Component）是 Vue.js 框架提供的最强大的功能之一。几乎任意类型的前端应用都可以抽象为由一个个组件构成的组件树，使用组件可以将大型应用拆分为独立、可复用的多个模块。本章将介绍 Vue.js 的组件创建与使用的方法。

本章要点

- 组件的注册与使用
- 组件插槽
- 传递数据
- 组件中的事件
- 数据依赖注入

6.1 组件基础

在前端开发中，组件指的是将页面划分为独立的、可复用的部分，每个部分定义为独立的模块，各模块有自身的运行逻辑和与其他模块交互的逻辑。在实际应用中，组件常常被组织成层层嵌套的树状结构，如图 6-1 所示。

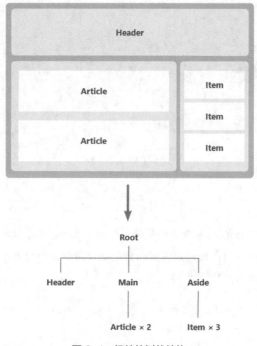

图 6-1 组件的树状结构

使用组件的方式和嵌套使用 HTML 元素的方式类似，图 6-1 所示的页面由 6 个组件构成，Root 组件直接包含 Header、Main 和 Aside 这 3 个组件，Main 组件直接包含 2 个 Article 组件，Aside 组件直接包含 3 个 Item 组件，Article 组件和 Item 组件有复用。

JavaScript 语言支持一组名为 Web 组件的 Web 原生 API，用于创建可复用的自定义元素（Custom Element），该方式可用来创建组件。Vue.js 框架实现了自己的组件模型，应用 Vue.js 框架后可以自定义组件并在每个组件内封装内容与逻辑。Vue.js 框架实现的组件模型和 Web 组件并不一样，Vue.js 的组件模型和 Web 组件是互补的技术，Vue.js 为创建和使用组件提供了很好的支持，无论是将现有组件集成到项目中，还是创建和分发组件都很方便。

6.1.1 以非构建方式定义组件

6.1.1 以非构建方式定义组件

通过直接引入方式使用 Vue.js 框架时，组件以一个包含特定选项的 JavaScript 对象来定义，具体案例如下。

【案例 6-1】直接定义和使用组件。

```
01  <!DOCTYPE html>
02  <html lang="en">
03  <head>
04    <meta charset="UTF-8">
05    <script src="https://unpkg.com/vue@3"></script>
06    <title>6-1</title>
07  </head>
08  <body>
09    <style>
10      .icons {
11        width: 30px;
12        height: 30px;
13        cursor: pointer;
14        position: relative;
15      }
16      .msg {
17        font-size: 160%;
18      }
19    </style>
20    <div id="app">
21      <mycomp></mycomp>
22    </div>
23    <script>
24    const { createApp } = Vue
25    const app = createApp()
26    //定义一个组件，组件名为 mycomp
27    app.component('mycomp', {
28      data() {
29        return {
30          count: 0
31        }
32      },
33      template: `
34              <h2>青春为梦想拼搏，步履不停，勇攀高峰！</h2>
35              <div>
36                  <img src="like.png" @click="count++" class="icons"/>
37                  <span class="msg">{{ count }}</span>
38              </div>`
39    })
40    app.mount('#app')
41    </script>
42  </body>
43  </html>
```

【代码说明】

第 05 行代码通过<script>标签，从公开的 CDN 引入了最新版本的 Vue.js 3.x。

第 21 行代码将名为 mycomp 的自定义组件标签插入页面，页面运行时 Vue.js 将把自定义组件渲染到这里，相当于在页面中使用了组件。

第 25 行代码创建了 Vue.js 应用实例并赋值给变量 app。

第 27 行代码使用 component 方法定义了一个组件，该方法的第一个输入参数为组件的名字，第二个输入参数为组件对应的 JavaScript 对象。

第 28 行～38 行代码即组件对应的 JavaScript 对象，其中 data 方法包含组件的运行代码，template属性对应组件的模板，模板是一个内联的 JavaScript 字符串，其内容表示组件对应的 HTML 代码，该段代码定义了一段文字和一个图标，并为图标添加单击事件，用来处理对单击的计数。Vue.js 会在运行时编译这段 HTML 代码。

第 40 行代码将 Vue.js 应用实例挂载到 id 为 app 的 HTML 元素上。

运行结果如图 6-2 所示，单击页面中的点赞图标会有计数。

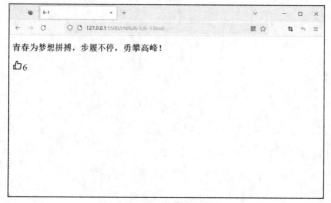

图 6-2　直接定义和使用组件

直接引入 Vue.js 框架并使用 JavaScript 对象来定义组件存在无法使样式、HTML 元素和 JavaScript对象分离以及运行效率低等问题，并不适用于中大型前端项目的开发，使用构建方式定义组件才是更好的选择。

本章从 6.1.2 小节开始将按构建方式介绍定义和使用组件相关的内容。

6.1.2　以构建方式定义组件

6.1.2　以构建方式
定义组件

在使用构建方式开发基于 Vue.js 框架的前端项目时，一般会将组件单独定义在一个扩展名为.vue 的文件中，用这种方式定义的组件被叫作单文件组件。

单文件组件是一种特殊的文件格式。这种文件格式将一个组件的 HTML 模板、逻辑代码与 CSS 样式封装在单个文件中。下面是一个单文件组件的代码示例。

```
01  <script>
02   export default {
03    data() {
04     return {
05      greeting: 'Hello World!'
06     }
07    }
08   }
09  </script>
10
```

```
11    <template>
12     <p class="greeting">{{ greeting }}</p>
13    </template>
14
15    <style>
16      .greeting {
17        color: red;
18        font-weight: bold;
19      }
20    </style>
```

单文件组件将 HTML 模板、逻辑代码与 CSS 样式分别放在 template、script 和 style 这 3 个代码块中，并在同一个文件中封装，组合了组件的视图、逻辑和样式，可以看作 Web 前端开发中 HTML、JavaScript 和 CSS 这 3 种经典语言组合的自然延伸。

使用构建方式开发基于 Vue.js 框架的前端项目首先需要创建初始项目，按照本书 1.2.3 小节介绍的方式可快速创建初始项目，创建完成后其项目结构如下所示。

```
VUE-PROJECT
├─ public
│   └─ favicon.ico
├─ src
│   ├─ assets
│   │   ├─ base.css
│   │   ├─ logo.svg
│   │   └─ main.css
│   ├─ components
│   │   ├─ icons
│   │   │   ├─ IconCommunity.vue
│   │   │   ├─ IconDocumentation.vue
│   │   │   ├─ IconEcosystem.vue
│   │   │   ├─ IconSupport.vue
│   │   │   └─ IconTooling.vue
│   │   ├─ TheWelcome.vue
│   │   ├─ HelloWorld.vue
│   │   └─ WelcomeItem.vue
│   ├─ App.vue
│   └─ main.js
├─ .gitignore
├─ index.html
├─ package-lock.json
├─ package.json
├─ README.md
└─ vite.config.js
```

默认的 Vue.js 初始项目名为 VUE-PROJECT，也是项目顶级文件夹的名称。

顶级文件夹下值得关注的有 public 和 src 两个子文件夹（编辑器自动生成的文件夹，可以暂时忽略存放如 Visual Studio Code 和 npm 包的文件夹 node_modules）。public 文件夹存放的是项目静态资源，src 文件夹存放的是源代码和相关资源。

顶级文件夹下的文件和对应功能如下。

.gitignore，配合代码管理工具 Git 使用的配置文件，在本书涉及的范围内不会手动修改。

103

index.html，入口页面文件，Vue 应用实例默认被挂载到该页面中 id 为 app 的 HTML 元素上。

package-lock.json 和 package.json，这两个文件与 npm 管理当前项目引用的包有关，在本书涉及的范围内不会手动修改。

README.md，自动生成的 Markdown 格式项目说明文件。

vite.config.js，Vite 的配置文件，在本书涉及的范围内不会手动修改。

在整个初始项目结构中，顶级文件夹下的 src 文件夹中的内容是最值得关注的部分，初始状态下该文件夹下有如下内容。

assets，子文件夹，放置静态资源，包括公共的 CSS 文件、JavaScript 代码文件、iconfont 字体文件、img 图片文件以及其他资源类文件。

components，子文件夹，放置.vue 格式的组件文件。

App.vue，根组件，初始状态下 components 文件夹里的组件会被插入此组件中，此组件再被插入index.html 文件里，形成单页面应用。

main.js，入口 JavaScript 文件，影响全局，作用是引入全局使用的库、公共的样式和方法、设置路由等。

使用工具创建的初始项目内容完整但结构稍显复杂，对于初学者来说并不友好，所以本书后面的案例将删除初始项目中的无关内容，保留其项目主结构，在此基础上再进行开发。可删除的部分有 src 文件夹下的 assets 文件夹与 components 文件夹以及这两个文件夹包含的全部内容，修改 main.js文件，删除其中对 main.css 文件的引用代码，同时修改 App.vue 文件，仅保留 template、script 和 style这 3 个代码块标签即可。

修改后的目录结构如下。

```
VUE-PROJECT
├ public
│  └ favicon.ico
├ src
│  ├ App.vue
│  └ main.js
├ .gitignore
├ index.html
├ README.md
├ package-lock.json
├ package.json
└ vite.config.js
```

修改后的 App.vue 文件内容如下。

```
<script>
</script>

<template>
</template>

<style>
</style>
```

修改后的 main.js 文件内容如下。

```
import { createApp } from 'vue'
import App from './App.vue'

createApp(App).mount('#app')
```

至此，初始项目的创建和修改全部完成，运行项目后，首页是一个空白页面。本书中通过构建方式使用 Vue.js 框架的案例都是以此项目为基础添加代码来完成的。

Vue.js 最直接的以构建方式定义组件就是在上述初始项目中的 App.vue 中添加组件代码和模板，App.vue 是初始项目的根组件，初始项目的 main.js 中的代码会将根组件挂载到 index.html 中的目标元素上。对于初始项目来说，定义和使用组件时需要主要编码的部分就是 App.vue 文件。具体案例如下。

【案例 6-2】以构建方式定义和使用组件。

App.vue 文件。

```
01  <script>
02    export default {
03      data() {
04        return {
05          count: 0
06        }
07      }
08    }
09  </script>
10
11  <template>
12    <h2>青春为梦想拼搏，步履不停，勇攀高峰! </h2>
13    <div>
14      <img src="like.png" @click="count++" class="icons"/>
15      <span class="msg">{{ count }}</span>
16    </div>
17  </template>
18
19  <style>
20    .icons{
21      width: 30px;
22      height: 30px;
23      cursor: pointer;
24      position: relative;
25    }
26    .msg{
27      font-size: 160%;
28    }
29  </style>
```

【代码说明】

第 01 行～09 行代码为组件的 JavaScript 代码，其中定义的 count 属性用于计数。

第 11 行～17 行代码为组件的模板代码，其中第 14 行代码为 img 元素绑定了单击事件，事件处理代码将对 count 属性进行数值加 1 操作；第 15 行代码是一个 span 元素，元素内的文本绑定了 count 属性的值。

第 19 行～29 行代码为组件的 CSS 样式。

第 14 行代码用到的 like.png 图标需放置在项目的 public 文件夹中。

运行结果如图 6-3 所示。

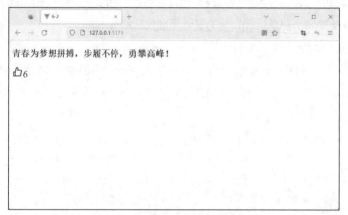

图 6-3　以构建方式定义和使用组件

6.1.3　组件的注册与使用

6.1.3　组件的注册
与使用

Vue.js 自定义的组件在使用前需要先被"注册"，这样 Vue.js 应用实例才能在渲染模板时找到其对应的实现。组件注册有两种方式：全局注册和局部注册。

全局注册指的是使用 Vue.js 应用实例的 component 方法，让组件在当前 Vue.js 应用中全局可用，具体示例如下。

```
import { createApp } from 'vue'
const app = createApp({})
app.component(
  // 注册的名字
  'MyComponent',
  // 组件的实现
  {
    /* ... */
  }
)
```

【案例 6-1】采用的就是全局注册方式，全局注册的组件可以在当前应用的任意含组件的页面模板中使用。上面示例中的注册的组件名字为 MyComponent，在应用的页面模板中可以将注册的名字作为标签名放置到指定位置。

```
<MyComponent></MyComponent>
```

在 Vue.js 中使用构建方式开发项目时，引入的单文件组件可以被直接注册，代码如下。

```
import MyComponent from './MyComponent.vue'
app.component('MyComponent', MyComponent)
```

组件的全局注册在使用上很方便，但会存在一些问题。在使用构建方式创建项目时，全局注册了但并没有被使用的组件无法在打包时被自动移除，也就是说全局注册了一个组件，即使它并没有被实际使用，仍然会出现在打包后的代码文件中。当全局注册的组件较多时，其依赖关系不明确，在父组件中使用子组件时，不方便定位子组件，这和过多地使用全局变量一样，会影响项目长期的可维护性。

局部注册的组件需要在使用它的父组件中显式导入。局部注册的组件只能在导入它的父组件中使用。局部注册组件的优点是可以使组件之间的依赖关系更加明确，并且在使用构建方式创建项目时，局部注册了但并没有被使用的组件会在打包时被自动移除。引入并使用局部注册组件的示例代码如下。

```
<script>
import ComponentA from './ComponentA.vue'
export default {
  components: {
    ComponentA:ComponentA
  }
}
</script>
<template>
  <ComponentA></ComponentA>
</template>
```

ComponentA.vue 对应的单文件组件被引入当前组件，通过当前组件代码部分的 components 属性注册局部组件，属性对应的 JavaScript 对象中的键名就是注册的组件名，键的值就是组件的实现。局部注册的组件在后代组件中并不可用，示例代码中 ComponentA 注册后仅在当前组件中可用，而在任何的子组件或更深层的子组件中都不可用。当前组件的模板部分直接引用了局部注册的 ComponentA 组件。

【案例 6-3】局部注册并使用组件。

（1）在初始项目的 src 文件夹内创建 components 子文件夹并在其中创建单文件组件 MyComp.vue，对应代码为。

```
01    <script>
02    export default {
03      data() {
04        return {
05          count: 0
06        }
07      }
08    }
09    </script>
10
11    <template>
12      <h2>青春为梦想拼搏，步履不停，勇攀高峰！</h2>
13      <div>
14        <img src="like.png" @click="count++" class="icons" />
15        <span class="msg">{{ count }}</span>
16      </div>
17    </template>
18
19    <style> ... </style>
```

【代码说明】

第 01 行～09 行代码为组件的 JavaScript 代码，其中定义的 count 属性用于计数。

第 11 行～17 行代码为组件的模板代码，其中第 14 行代码为 img 元素绑定了单击事件，事件处理代码将对 count 属性进行数值加 1 操作，第 15 行代码是一个 span 元素，元素内文本绑定了 count 属性的值。

第 19 行代码为组件的 CSS 样式（已略去，可参考本书附带的电子资料）。

第 14 行代码用到的 like.png 图标需放置在项目的 public 文件夹中。

（2）在 App.vue 文件中添加如下代码。

```
01    <script>
02    import MyComp from './components/MyComp.vue'
03    export default {
04      components: {
05        MyComp
06      }
07    }
08    </script>
09
10    <template>
11      <div class="show">
12        <div class="show-content">
13          <div class="show-name">张承</div>
14          <div class="show-txt">
15            <MyComp />
16          </div>
17          <div class="show-time">2022 年 9 月 22 日</div>
18        </div>
19      </div>
20      <div class="show">
21        <div class="show-content">
22          <div class="show-name">李华</div>
23          <div class="show-txt">
24            <MyComp />
25          </div>
26          <div class="show-time">2022 年 9 月 28 日</div>
27        </div>
28      </div>
29      <div class="show">
30        <div class="show-content">
31          <div class="show-name">刘张</div>
32          <div class="show-txt">
33            <MyComp />
34          </div>
35          <div class="show-time">2022 年 10 月 1 日</div>
36        </div>
37      </div>
38    </template>
39
40    <style> ... </style>
```

【代码说明】

第 02 行代码引入单文件组件并将其命名为 MyComp。

第 04 行～06 行代码通过 components 属性局部注册组件 MyComp，第 05 行的代码为缩写语法，等价于 MyComp: MyComp。

第 15 行、24 行和 33 行代码为在当前组件的页面模板中引用了 3 次局部注册的 MyComp 组件。

第 40 行代码为组件的 CSS 样式（已略去，可参考本书附带的电子资料）。

运行结果如图 6-4 所示。

图 6-4　局部注册并使用组件

6.2　组件高级应用

组件作为 Web 应用的组成模块，在实际应用中会涉及组件嵌套、事件处理和数据传递等问题，接下来本节将介绍 Vue.js 框架中组件插槽的使用方法。

6.2.1　组件插槽

组件插槽可以用来向组件传递内容，就像往 HTML 元素中传递内容一样。如果想要【案例 6-3】中组件显示的内容在组件被调用时就传递进来，示例代码如下。

6.2.1　组件插槽

```
<MyComp>
    青春为梦想拼搏，步履不停，勇攀高峰！
</MyComp>
```

组件插槽就是用来实现这类功能的，在定义组件时，可以使用 slot 元素作为一个占位符，组件被调用时传递进来的内容就会渲染在这里，配合前面的组件使用代码，组件定义的模板部分代码应该如下。

```
<template>
  <h2>
```

```
   <slot/>
  </h2>
  <div>
   <img src="like.png" @click="count++" class="icons" />
   <span class="msg">{{ count }}</span>
  </div>
</template>
```

slot 元素是一个组件插槽出口（Slot Outlet），表示组件被调用时提供的插槽内容（Slot Content）将在哪里被渲染。

最终实现渲染的页面代码如下。

```
<h2>
  青春为梦想拼搏，步履不停，勇攀高峰！
</h2>
<div>
  <img src="like.png" @click="count++" class="icons" />
  <span class="msg">{{ count }}</span>
</div>
```

通过使用组件插槽，MyComp 组件仅负责渲染外层的 HTML 元素以及相应的样式，而其内部的内容由组件调用者提供。插槽内容可以是任意合法的模板内容，不局限于文本，可以传入多个元素或者其他组件。

有些情况下，一个组件里面需要有多个插槽，对于这种情况，slot 元素可以有一个名为 name 的属性，用来给每个插槽分配唯一的 id，以确定每一处要渲染的内容，示例代码如下。

```
<template>
  <div class="show">
   <div class="show-content">
    <div class="show-name">
     <slot name="header"></slot>
    </div>
    <div class="show-txt">
     <p>
      <slot></slot>
     </p>
     <div>
      <img src="like.png" @click="count++" class="icons" />
      <span class="msg">{{ count }}</span>
     </div>
    </div>
    <div class="show-time">
     <slot name="footer"></slot>
    </div>
   </div>
  </div>
</template>
```

这类带 name 属性的 slot 元素插槽被称为具名插槽（Named Slots），不带 name 属性的 slot 元素插槽会有默认名称"default"。

使用含具名插槽的组件时，我们需要一种将多个内容传入各自目标插槽中的方法。假设当前组件名为 MyComp，示例代码如下。

```
<MyComp>
  <template #header>
    李华
  </template>
  <template #default>
    团结协作、互助友爱!
  </template>
  <template #footer>
    2022 年 9 月 28 日
  </template>
</MyComp>
```

其中<template #header>是<template v-slot:header>的缩写，表示将这部分模板代码传入名为 header 的具名插槽中，将传递内容到名为 default 和 footer 的具名插槽也是用的同样的方式。动态指令参数在指定插槽名上也是有效的，使用方式为<template v-slot:[dynamicSlotName]>，缩写为 <template #[dynamicSlotName]>。

使用组件时，给插槽传递的内容在有些情况下需要同时使用父组件域内和子组件域内的数据，要做到这一点需要让子组件在渲染时将一部分数据提供给插槽。实际上，插槽元素 slot 是可以绑定数据的，数据来自子组件域。例如定义 MyComp，模板部分可添加插槽元素 slot 并绑定数据，示例代码如下。

```
<!-- <MyComp>的模板部分 -->
<div>
  <slot :text="greetingMessage" :count="1"></slot>
</div>
```

在使用组件时，可以通过组件标签上的 v-slot 指令，直接接收组件传递给插槽的数据，示例代码如下。

```
<MyComp v-slot="slotData">
  {{ slotData.text }} {{ slotData.count }}
</MyComp>
```

当组件被使用时，v-slot 指令指定的对象将包含组件内传递给插槽的数据，该对象可以被用在传递给组件的内容中。

对具名插槽传递组件域数据时需要特别注意，插槽上的 name 属性是一个特别保留的属性，不会作为数据传递给插槽。例如 MyComp 组件模板部分定义如下。

```
<!-- <MyComp>的模板部分 -->
<div>
  <slot name="header" :text="greetingMessage" :count="1"></slot>
</div>
```

在使用组件时，可以采用下列方式来获取组件内传递给具名插槽的数据，示例代码如下。

```
<MyComp>
  <template v-slot:header="slotData">
    {{ slotData.text }} {{ slotData.count }}
  </template>
</MyComp>
```

其中，<template v-slot:header="slotData">的缩写为<template #header="slotData">。

接下来是插槽使用、具名插槽使用和传递组件域数据给插槽的综合案例。

【案例 6-4】组件插槽的应用。

（1）在初始项目的 src 文件夹内创建 components 子文件夹并在其中创建 3 个单文件组件 MyComp1.vue、MyComp2.vue 和 MyComp3.vue，对应代码如下。

MyComp1.vue。

```
01    <script>
02    export default {
03      data() {
04        return {
05          count: 0
06        }
07      }
08    }
09    </script>
10
11    <template>
12      <div class="show">
13        <div class="show-content">
14          <div class="show-name">张承</div>
15          <div class="show-txt">
16            <p>
17              <slot></slot>
18            </p>
19            <div>
20              <img src="like.png" @click="count++" class="icons" />
21              <span class="msg">{{ count }}</span>
22            </div>
23          </div>
24          <div class="show-time">2022 年 9 月 22 日</div>
25        </div>
26      </div>
27    </template>
```

【代码说明】

第 17 行代码使用 slot 元素放置了一个插槽。

MyComp2.vue。

```
01    <script>
02    export default {
03      data() {
04        return {
05          count: 0
06        }
07      }
08    }
09    </script>
10
11    <template>
12      <div class="show">
13        <div class="show-content">
14          <div class="show-name">
15            <slot name="header"></slot>
```

```
16        </div>
17        <div class="show-txt">
18          <p>
19            <slot></slot>
20          </p>
21          <div>
22            <img src="like.png" @click="count++" class="icons" />
23            <span class="msg">{{ count }}</span>
24          </div>
25        </div>
26        <div class="show-time">
27          <slot name="footer"></slot>
28        </div>
29      </div>
30    </div>
31  </template>
```

【代码说明】

第 15 行代码使用 slot 元素放置了一个名为 header 的具名插槽。

第 19 行代码使用 slot 元素放置了一个插槽，没有指定名称，默认名为 default。

第 27 行代码使用 slot 元素放置了一个名为 footer 的具名插槽。

MyComp3.vue。

```
01  <script>
02  export default {
03    data() {
04      return {
05        count: 0,
06        userName: '刘洋',
07        userTime: '2022 年 10 月 1 日'
08      }
09    }
10  }
11  </script>
12
13  <template>
14    <div class="show">
15      <div class="show-content">
16        <div class="show-name">
17          <slot name="header" :text="userName"></slot>
18        </div>
19        <div class="show-txt">
20          <p>
21            <slot></slot>
22          </p>
23          <div>
24            <img src="like.png" @click="count++" class="icons" />
25            <span class="msg">{{ count }}</span>
26          </div>
27        </div>
28        <div class="show-time">
29          <slot name="footer" :time="userTime"></slot>
30        </div>
```

```
31        </div>
32      </div>
33    </template>
```

【代码说明】

第 06 行代码定义数据字段 userName 并为其指定值。

第 07 行代码定义数据字段 userTime 并为其指定值。

第 17 行代码使用 slot 元素放置了一个名为 header 的具名插槽并将组件域字段 userName 绑定到插槽上。

第 21 行代码使用 slot 元素放置了一个插槽，没有指定名称，默认名为 default。

第 29 行代码使用 slot 元素放置了一个名为 footer 的具名插槽并将组件域字段 userTime 绑定到插槽上。

（2）在 App.vue 文件中添加如下代码。

```
01    <script>
02      import MyComp1 from './components/MyComp1.vue'
03      import MyComp2 from './components/MyComp2.vue'
04      import MyComp3 from './components/MyComp3.vue'
05      export default {
06        components: {
07          MyComp1:MyComp1,
08          MyComp2:MyComp2,
09          MyComp3:MyComp3,
10        }
11      }
12    </script>
13
14    <template>
15      <MyComp1>
16        青春为梦想拼搏，步履不停，勇攀高峰！
17      </MyComp1>
18      <MyComp2>
19        <template #header>
20          李华
21        </template>
22        <template #default>
23          团结协作、互助友爱！
24        </template>
25        <template #footer>
26          2022 年 9 月 28 日
27        </template>
28      </MyComp2>
29      <MyComp3>
30        <template #header="headerProps">
31          {{ headerProps.text }}
32        </template>
33        <template #default>
34          脚踏实地，走稳走远！
35        </template>
36        <template #footer="footerProps">
```

```
37              {{ footerProps.time}}
38          </template>
39      </MyComp3>
40  </template>
41
42  <style>... </style>
```

【代码说明】

第 02 行~04 行代码引入 3 个单文件组件并将它们分别命名为 MyComp1、MyComp2 和 MyComp3。

第 06 行~10 行代码通过 components 属性局部注册组件 MyComp1、MyComp2 和 MyComp3。

第 15 行~17 行代码使用组件 MyComp1 并传递内容，MyComp1 中只有一个未指定名称的默认插槽。

第 18 行~28 行代码使用组件 MyComp2 并传递内容，第 19 行~21 行代码将指定内容传递给名为 header 的插槽，第 22 行~24 行代码将指定内容传递给名为 default 的插槽，第 25 行~27 行代码将指定内容传递给名为 footer 的插槽。

第 29 行~39 行代码使用组件 MyComp3 并传递内容，第 30 行~32 行代码将指定内容传递给名为 header 的插槽并将对应插槽传递的数据放入 headerProps 对象中，第 31 行代码使用 headerProps 对象中的数据作为插槽传递的内容，第 33 行~35 行代码将指定内容传递给名为 default 的插槽。第 36 行~38 行代码将指定内容传递给名为 footer 的插槽并将对应插槽传递的数据放入 footerProps 对象中。第 37 行代码，使用 footerProps 对象中的数据作为插槽传递的内容。

第 42 行代码为组件的 CSS 样式（已略去，可参考本书附带的电子资料）。

运行结果如图 6-5 所示。

图 6-5　组件插槽的应用

6.2.2　传递数据

当构建一个门户类 Web 应用时，往往需要显示新闻的组件，如果所有的新闻都采用相同的视觉布局，但显示不同的内容，就需要向组件中传递数据。对于显示新闻的组件来说，标题和内容就是需要传递给组件的数据。

向 Vue.js 中创建的组件传递数据时需要用到 props 选项。props 是组件中的特殊属性，需要传递给组件的数据必须在其 props 列表中声明。例如要向显示新闻的组件中传递标题和内容，须在组件的 props 列表中声明接收标题和内容的数据属性的名称，示例代码如下。

```
<!-- NewsPost.vue -->
<script>
export default {
  props: ['title', 'content']
}
</script>
<template>
  <h2>{{ title }}</h2>
  <p>{{ 'content' }}</p>
</template>
```

当一个值被传递给 props 列表中声明的属性时，它将成为该组件实例上的一个属性，其属性值可以像其他组件的属性值一样，在组件模板和组件代码中通过 this 关键字访问。

组件的 props 列表中可以声明任意多个属性，默认所有在 props 列表中的属性都接收任意类型的值，使用组件时可以像下面这样以自定义属性的形式传递数据给它。

```
<NewsPost title="新闻标题" content="新闻内容……"/>
```

向组件传递数据也可以采用绑定的方式，比如有如下一组数据：

```
export default {
  data() {
    return {
      newsList: [
        { title:'新闻标题 1', content:'新闻内容 1……' },
        { title:'新闻标题 2', content:'新闻内容 2……' },
        { title:'新闻标题 3', content:'新闻内容 3……' }
      ]
    }
  }
}
```

使用 v-for 指令可以根据数据渲染一组组件，示例代码如下。

```
<NewsPost
  v-for="n in newsList "
  :title="n.title"
  :content="n.content "
/>
```

所有在组件 props 选项中声明的属性都遵循单向绑定原则，绑定的数据在父组件中的更新会流往子组件但不会逆向传递，这避免了子组件意外修改父组件的状态的情况，否则应用的数据流将很容易变得混乱且难以理解。

如果组件在 props 中声明的名字很长，应使用驼峰命名法，因为这种命名方式不仅是合法的 JavaScript 标识符，也可以直接在模板的表达式中使用，在其作为属性名时无需加引号。

Vue.js 中的组件还可以通过向 props 选项提供一个带有校验要求的对象，更细致地声明对传入数据的校验要求，如果传入的值不满足类型要求，Vue.js 会在浏览器控制台中抛出警告来提醒使用者，这在开发共享的组件时非常有用。

【案例 6-5】组件传递数据。

（1）在初始项目的 src 文件夹内创建 components 子文件夹并在其中创建单文件组件 MyComp.vue，对应代码如下。

MyComp.vue。

```
01   <script>
02   export default {
03     //字符串数组声明 props
04     //props:['name','time'],
05     //对象数组声明 props
06     props: {
07       name: String,
08       time: String,
09     },
10     data() {
11       return {
12         count: 0,
13       }
14     }
15   }
16   </script>
17
18   <template>
19     <div class="show">
20       <div class="show-content">
21         <div class="show-name">{{ name }}</div>
22         <div class="show-txt">
23           <h2>
24             <slot></slot>
25           </h2>
26           <img src="like.png" @click="count++" class="icons" />
27           <span class="msg">{{ count }}</span>
28         </div>
29         <div class="show-time">{{ time }}</div>
30       </div>
31     </div>
32   </template>
33
34   <style>... </style>
```

【代码说明】

第 03 行～09 行代码为在组件的 props 选项中声明接收数据的属性名，可采用字符串数组或对象数组的方式声明。

第 21 行代码通过属性名 name 使用传递进来的数据。

第 26 行代码用到的 like.png 图标需放置在项目的 public 文件夹中。

第 29 行代码通过属性名 time 使用传递进来的数据。

第 34 行代码为组件的 CSS 样式（已略去，可参考本书附带的电子资料）。

（2）在 App.vue 文件中添加如下代码。

```
01  <script>
02    import MyComp from './components/MyComp.vue'
03    export default {
04      components: {
05        MyComp
06      },
07      data(){
08        return{
09          userName:"李华",
10          timeStamp:"2022 年 9 月 28 日",
11          userInfo:{
12            name:"刘洋",
13            time:"2022 年 10 月 1 日",
14          },
15        }
16      },
17      methods:{
18        change(){
19          this.userName = "新绑定的姓名";
20          let d = new Date()
21          this.timeStamp =
22            `${d.getFullYear()}年${d.getMonth()+1}月${d.getDate()}日`;
23        }
24      }
25    }
26  </script>
27
28  <template>
29    <!-- 直接传入值 -->
30    <MyComp name="张承" time="2022 年 9 月 22 日">
31      青春为梦想拼搏，步履不停，勇攀高峰!
32    </MyComp>
33    <!-- 动态绑定值 -->
34    <MyComp :name="this.userName" :time="this.timeStamp">
35      团结协作、互助友爱!
36    </MyComp>
37    <!-- 绑定数据对象 -->
38    <MyComp v-bind="userInfo">
39      脚踏实地，走稳走远!
40    </MyComp>
41    <div class="show">
42      <button @click="change">改变绑定的数据</button>
43    </div>
44  </template>
```

【代码说明】

第 02 行代码引入单文件组件并将其命名为 MyComp。

第 04 行～06 行代码通过 components 属性局部注册组件 MyComp。

第 07 行～16 行代码创建了 3 个数据，分别为 userName、timeStamp 和 userInfo，userInfo 属于 JavaScript 对象，该对象中包含 name 和 time。

第 17 行～24 行代码定义了名为 change 的方法，该方法被调用时修改了 userName 的值，并获取当前系统时间后按预定格式传递给 timeStamp。

第 30 行～32 行代码使用组件 MyComp，并通过组件 props 选项里注册的属性传递数据，数据传递方式为直接传递。

第 33 行～36 行代码使用组件 MyComp，并通过组件 props 选项里注册的属性传递数据，数据传递方式为动态绑定。注意：组件的数据绑定是单向的，父组件数据改变后可传递给子组件，但子组件数据改变不会影响父组件里的数据。

第 37 行～40 行代码使用组件 MyComp，并通过组件 props 选项里注册的属性传递数据，数据传递方式为绑定数据对象，这种用法等价于< MyComp :name="userInfo.name" :time="userInfo.time" />。

第 41 行～43 行代码为显示一个按钮并指定 change 方法为其鼠标单击的事件处理方法。

运行结果如图 6-6 所示。

图 6-6　组件传递数据

该案例运行时，单击底部的按钮可以动态改变组件绑定的数据的值。

6.2.3　组件中的事件

Vue.js 中的组件是可以相互嵌套的，当一个组件在使用其他组件时，该组件可被看作父组件，被使用的组件可被看作子组件。在项目开发中经常会有子组件与父组件交互的需求，例如子组件提交的数据需要通过父组件来呈现，这时可以通过子组件触发自定义事件让父组件来监听实现。

6.2.3　组件中的事件

在组件的模板表达式中，可以直接使用$emit 方法触发自定义事件，示例代码如下。

```
<!-- ChildComp -->
<button @click="$emit('doSubmit')">发送</button>
```

在组件的代码部分，可以通过 this 关键字调用$emit 方法的形式触发自定义事件，示例代码如下。

```
export default {
  methods: {
    submit() {
      this.$emit('doSubmit')
    }
  }
}
```

组件要触发的事件可以显式地通过 emits 选项来声明，示例代码如下。

```
export default {
  emits: ['doSubmit']
}
```

父组件可以通过@指令来监听事件，示例代码如下。

```
<ChildComp @do-submit="callback"/>
```

事件的名字实现了格式转换的自动匹配，子组件触发了一个以驼峰命名法命名的事件，在父组件中可以使用短横线命名形式来监听。

$emit 方法触发自定义事件时也可以传递参数，示例代码如下。

```
$emit('doSubmit',1,2,3)
```

事件触发后，父组件的事件处理方法将会收到这 3 个参数值。

【案例 6-6】组件事件应用。

（1）在初始项目的 src 文件夹内创建 components 子文件夹并在其中创建 3 个单文件组件 ChildComp.vue、HeadComp.vue 和 ParentComp.vue，对应代码如下。

ChildComp.vue。

```
01    <script>
02    export default {
03      props: {
04        name: String,
05        time: String,
06      },
07      data() {
08        return {
09          count: 0,
10        }
11      }
12    }
13    </script>
14
15    <template>
16      <div class="show">
17        <div class="show-content">
18          <div class="show-name">{{ name }}</div>
19          <div class="show-txt">
20            <p>
21              <slot></slot>
22            </p>
```

```
23              <img src="like.png" @click="count++" class="icons" />
24              <span class="msg">{{ count }}</span>
25          </div>
26          <div class="show-time">{{ time }}</div>
27      </div>
28    </div>
29  </template>
30
31  <style>... </style>
```

【代码说明】

第 03 行～06 行代码为在组件的 props 选项中声明接收数据的属性名，可采用字符串数组或对象数组的方式声明。

第 18 行代码通过属性名 name 使用传递进来的数据。

第 26 行代码通过属性名 time 使用传递进来的数据。

第 31 行代码为组件的 CSS 样式（已略去，可参考本书附带的电子资料）。

第 23 行代码用到的 like.png 图标需放置在项目的 public 文件夹中。

HeadComp.vue。

```
01  <script>
02  import { toRaw } from 'vue'
03  export default {
04    data() {
05      return {
06        post: {
07          name: '',
08          time: '',
09          content: ''
10        },
11      }
12    },
13    //声明组件事件
14    emits: ["doSubmit"],
15    methods: {
16      submit() {
17        this.post.name = "新用户";
18        let d = new Date();
19        this.post.time =
20          `${d.getFullYear()}年${d.getMonth() + 1}月${d.getDate()}日`;
21        //深拷贝 post 中的数据
22        let p = {...toRaw(this.post)};
23        //清空文本框
24        this.post.content='';
25        //触发组件事件，通过参数传递 post 中的数据
26        this.$emit('doSubmit', p);
27      }
28    }
29  }
30  </script>
31
```

```
32    <template>
33      <div class="show">
34        <div class="show-title">
35          有什么新鲜事想分享?
36        </div>
37        <textarea class="show-textarea" v-model="post.content"></textarea>
38        <div class="show-btn">
39          <button @click="submit">发送</button>
40        </div>
41      </div>
42    </template>
43
44    <style>... </style>
```

【代码说明】

第 06 行～10 行代码定义了一个数据对象 post，其中包含 name、time 和 content 这 3 个字段。

第 14 行代码声明了一个名为 doSubmit 的组件事件。

第 16 行代码声明了一个名为 submit 的方法，作为组件内按钮的鼠标单击事件处理方法。

第 17 行～20 行代码为给 post 对象中的 name 字段赋值为"新用户"，time 字段赋值为自定义格式的当前系统日期。

第 22 行代码为将响应式对象 post 中的元素数据值深拷贝到变量 p 上。

第 24 行代码为将响应式对象 post 中的 content 字段设置为空，即清空 textarea 元素的内容。

第 26 行代码使用$emit 方法触发组件事件，事件名为 doSubmit，并传递变量 p 作为事件参数。

第 37 行代码为在组件模板中放置了一个 textarea 元素，该元素的文本输入区的内容通过 v-model 指令和 post 对象中的 content 字段绑定。

第 39 行代码为在组件模板中放置了一个按钮，并指定按钮的鼠标单击事件处理方法为 submit。

第 44 行代码为组件的 CSS 样式（已略去，可参考本书附带的电子资料）。

ParentComp.vue。

```
01    <script>
02    import ChildComp from './ChildComp.vue'
03    import HeadComp from './HeadComp.vue'
04    export default {
05      //局部注册组件（嵌套子组件）
06      components: {
07        ChildComp,
08        HeadComp
09      },
10      data() {
11        return {
12          posts: [
13            {
14              name: '张承',
15              time: '2022 年 9 月 22 日',
16              content: '青春为梦想拼搏，步履不停，勇攀高峰！'
17            },
18            {
```

```
19              name: '李华',
20              time: '2022 年 9 月 28 日',
21              content: '团结协作、互助友爱!'
22            },
23            {
24              name: '刘洋',
25              time: '2022 年 10 月 1 日',
26              content: '脚踏实地,走稳走远!'
27            },
28          ]
29        }
30      },
31      methods: {
32        //处理子组件的事件
33        doSubmit(p) {
34          this.posts.unshift(p);
35        }
36      }
37    }
38    </script>
39
40    <template>
41      <HeadComp @do-submit="doSubmit" />
42      <ChildComp v-for="post in posts" :name="post.name" :time="post.time">
43        {{ post.content }}
44      </ChildComp>
45    </template>
```

【代码说明】

第 02 行、03 行代码为从文件导入两个组件,分别为 HeadComp 和 ChildComp。

第 06 行~09 行代码为局部注册子组件 HeadComp 和 ChildComp。

第 12 行~28 行代码定义了一个名为 posts 的 JavaScript 对象数组,其中存放了 3 个数据对象,每个对象里面包含 name、time 和 content 字段,该数组中放置了需要 ChildComp 子组件显示的数据。

第 33 行代码声明了一个名为 doSubmit 的方法并接收一个数据参数 p,作为 HeadComp 子组件中的 do-submit 事件(子组件定义的事件名 doSubmit 可被自动转换为短横线格式以便让父组件监听)的处理方法。

第 34 行代码为将事件处理方法接收到的参数 p 放置到 posts 数组的头部。

第 41 行代码为在组件模板中使用 HeadComp 子组件并将 submit 方法指定为子组件 do-submit 事件的处理程序。

第 42 行~44 行代码为在组件模板中使用 ChildComp 子组件,通过 v-for 指令使用 posts 数组渲染该子组件。

(2)在 App.vue 文件中添加如下代码。

```
01    <script>
02    import ParentComp from './components/ParentComp.vue'
03    export default {
04      //注册父组件
```

```
05        components: {
06          ParentComp
07        }
08      }
09  </script>
10
11  <template>
12    <ParentComp/>
13  </template>
```

【代码说明】

第 02 行代码为引入单文件组件并将其命名为 ParentComp。

第 06 行代码为通过 components 属性局部注册组件 ParentComp。

第 12 行代码为在组件模板中使用 ParentComp 子组件。

【案例 6-6】运行后，在顶部文本输入区输入内容并单击"发送"按钮可以新增发言条目，如图 6-7 所示。

图 6-7　组件事件应用

6.2.4　数据依赖注入

6.2.4　数据依赖注入

通常情况下，当需要从父组件向子组件传递数据时会使用 props，但有时项目采用的是类似于【案例 6-6】的结构，有多层级嵌套的组件，如图 6-8 所示。这种情况下组件形成了树状结构，当某个深层的子组件需要一个祖先组件中的数据时，使用 props，其必须数据沿着组件逐级传递下去，而这种做法会带来一些问题。

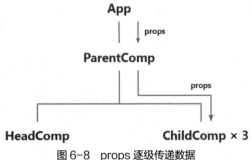

图 6-8　props 逐级传递数据

在图 6-8 所示的情况下，虽然 ParentComp 组件可能不需要 props 中的数据，但为了使 ChildComp 都能访问到它们，仍然需要定义数据字段并向下传递，如果组件链路非常长，那么这条路径上的每一个组件都会受到影响。这种使用 props 逐级传递数据的情况显然是应该避免的。

使用组件的数据依赖注入可以解决这一问题。父组件相对于其所有的后代组件，会作为数据依赖的供给方，无论其后代的组件层级有多深，都可以注入由父组件提供给整条路径的数据依赖，如图 6-9 所示。

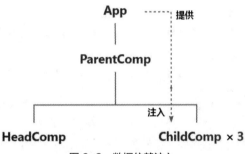

图 6-9　数据依赖注入

父组件要为其后代组件提供数据，需要使用 provide 选项，示例代码如下。

```
export default {
  provide: {
    message: 'hello!'
  }
}
```

对于父组件 provide 对象上的每一个属性，后代组件可用其字段名为注入名获取注入的值，也就是父组件提供的数据。

如果需要提供依赖当前父组件实例的数据（如 data 方法中定义的数据属性），那么可以以方法的形式使用 provide，用法如下。

```
export default {
  data() {
    return {
      message: 'hello!'
    }
  },
  provide() {
    // 使用方法的形式可以访问到 this
```

```
    return {
      message: this.message
    }
  }
}
```

注意，这种方式下父组件提供的数据是不会保持响应性的，如果需要数据供给方（父组件）和数据注入方（后代组件）之间保持响应性，则应该使用计算属性来提供数据，用法如下。

```
import { computed } from 'vue'
export default {
  data() {
    return {
      message: 'hello!'
    }
  },
  provide() {
    return {
      //显式提供一个计算属性，保持响应性
      message: computed(() => this.message)
    }
  }
}
```

父组件除了在一个组件中提供依赖外，还可以在整个应用层面提供依赖，在应用层面提供的数据在该应用内的所有组件中都可以注入，用法如下。

```
import { createApp } from 'vue'
const app = createApp({})
//第一个参数是数据名，第二个参数是值
app.provide('message','hello!')
```

上述提到的都是如何提供依赖数据，组件要注入（使用）上层组件或应用提供的数据，需使用inject选项，data方法也能使用注入的数据，用法如下。

```
export default {
  inject: ['message'], //声明使用上层组件或应用提供的数据
  created() {
    console.log(this.message) //注入的数据值
  },
  data() {
    return {
      // 基于注入值的初始数据
      fullMessage: this.message
    }
  }
}
```

当inject选项接收到数组形式的值时，注入的属性会同名放置到组件实例上（this可直接访问到），在上面的代码中，访问的本地属性名和注入名是相同的。

如果需要使用不同的属性名来注入数据，可以传递给inject选项对象形式的值，用法如下。

```
export default {
  inject: {
    //this 使用时的属性名
```

```
      localMessage: {
        from: 'message'  //注入数据的属性名
      }
    }
  }
```

默认情况下，如果 inject 选项注入的数据没有任何供给方（如父组件或应用），则会抛出一个运行时警告。如果在注入一个值时不要求必须有供给方，那么我们应该声明一个默认值，用法如下。

```
export default {
  // 必须使用对象形式来声明注入的默认值
  inject: {
    message: {
      from: 'message', // 注入的属性名，与原注入名同名时可省略该属性
      default: 'default value' // 注入属性的默认值
    },
    user: {
      // 用于创建开销比较大的非基础类型数据和需要确保每个组件实例有独立数据的情况
      // 默认值可使用工厂模式方法返回
      default: () => ({ name: 'John' })
    }
  }
}
```

使用数据依赖注入时，如果需要数据供给方和数据注入方之间保持响应性连接，可以让数据供给方以计算属性方式提供数据，用法如下。

```
import { computed } from 'vue'
export default {
  data() {
    return {
      message: 'hello!'
    }
  },
  provide() {
    return {
      //以计算属性方式提供数据
      message: computed(() => this.message)
    }
  }
}
```

【案例 6-7】使用数据依赖注入。

（1）在初始项目的 src 文件夹内创建 components 子文件夹并在其中创建两个单文件组件 ChildComp.vue 和 ParentComp.vue，对应代码如下。

ChildComp.vue：

```
01    <script>
02    export default {
03      props: {
04        name: String
05      },
06      inject: ['dateTime', 'message'],
07      data() {
08        return {
```

```
09          count: 0
10        }
11      }
12    }
13    </script>
14
15    <template>
16      <div class="show">
17        <div class="show-content">
18          <div class="show-name">{{ name }}</div>
19          <div class="show-txt">
20            <p>{{ this.message }}</p>
21            <img src="like.png" @click="count++" class="icons" />
22            <span class="msg">{{ count }}</span>
23          </div>
24          <div class="show-time">{{ this.dateTime.toLocaleString() }}</div>
25        </div>
26      </div>
27    </template>
28
29    <style>... </style>
```

【代码说明】

第 03 行~05 行代码为在组件的 props 选项中声明接收数据的属性名，可采用字符串数组或对象数组的方式声明。

第 06 行代码通过 inject 注入名为 dateTime 和 message 的数据

第 18 行代码通过属性名 name 使用传递进来的数据。

第 20 行代码通过 this.message 使用父组件注入进来的数据，该数据为响应式数据。

第 21 行代码用到的 like.png 图标需放置在项目的 public 文件夹中。

第 24 行代码通过 this.dateTime 使用根组件注入进来的数据。

第 29 行代码为组件的 CSS 样式（已略去，可参考本书附带的电子资料）。

ParentComp.vue。

```
01    <script>
02    import ChildComp from './ChildComp.vue'
03    import { computed } from 'vue'
04    export default {
05      components: {
06        ChildComp
07      },
08      data() {
09        return {
10          count: 0,
11          message: '青春为梦想拼搏，步履不停，勇攀高峰！',
12        }
13      },
14      //响应式方式提供数据
15      provide() {
16        return {
17          message: computed(() => this.message),
```

```
18        }
19      }
20    }
21  </script>
22
23  <template>
24    <div class="show">
25      <div class="show-title">
26        有什么新鲜事想分享?
27      </div>
28      <textarea class="show-textarea" v-model="message"></textarea>
29      <div class="show-btn">
30        <button>发送</button>
31      </div>
32    </div>
33    <ChildComp name="发布预览区"></ChildComp>
34  </template>
35
36  <style> ... </style>
```

【代码说明】

第 02 行代码为导入 ChildComp 组件。

第 05 行~07 行代码为局部注册 ChildComp 组件。

第 11 行代码定义了名为 message 的响应式数据。

第 15 行~19 行代码通过计算属性方式向后代组件提供名为 message 的数据。

第 28 行代码为将文本输入区输入的内容绑定到 message 数据上。

第 33 行代码为在当前组件模板中使用 ChildComp 组件,并通过组件插槽传递数据。

第 36 行代码为组件的 CSS 样式(已略去,可参考本书附带的电子资料)。

(2)在 App.vue 文件中添加如下代码。

```
01  <script>
02  import ParentComp from './components/ParentComp.vue'
03  export default {
04    provide: {
05      dateTime: new Date()
06    },
07    components: {
08      ParentComp
09    }
10  }
11  </script>
12
13  <template>
14    <ParentComp />
15  </template>
```

【代码说明】

第 02 行代码为导入 ParentComp 组件。

第 04 行~06 行代码使用 provide 向后代组件提供数据,数据属性名为 dateTime,对应的值为 Date 对象的实例,表示当前计算机的日期。

第 07 行～09 行代码为局部注册 ParentComp 组件。

第 13 行～15 行代码为在当前组件模板中使用 ParentComp 组件。

【案例 6-7】运行后，发布预览区的内容和文本输入区的内容是绑定的，发布预览区右下角显示的日期是由根组件（App）提供并直接注入后代组件（ChildComp）的，运行结果如图 6-10 所示。

图 6-10　数据依赖注入应用

本章小结

本章主要介绍了 Vue.js 组件的创建与使用。组件使用非构建方式或构建方式定义，在大型项目中更多使用的是构建方式定义组件。组件被使用时可以通过组件插槽和 props 选项向其传递数据。组件可以自定义事件，子组件的事件被父组件监听可用于组件间的交互。通过数据依赖注入，父组件可以提供数据让其后代组件注入使用，数据依赖注入也支持父组件与后代组件之间进行响应式数据的绑定。

习　题

6-1　组件的全局注册和局部注册有什么区别？

6-2　使用构建方式定义组件时，组件代码页面分为哪几个部分，每个部分的作用是什么？

6-3　在多个组件相互嵌套构成的页面中，父组件可以通过什么方式传递数据到子组件，祖先组件可以通过什么方式传递数据到子组件？

6-4　使用构建方式创建 Vue.js 项目，自定义组件实现图 6-11 所示的页面。

图 6-11　组件的应用

6-5　使用构建方式创建 Vue.js 项目，灵活使用组件相关知识实现一个购物车页面，效果如图 6-12 所示（实现商品的勾选和数量增减功能即可，不要求实现商品的增加与删除、购物车清空和结算功能）。

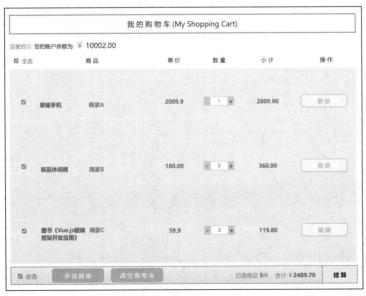

图 6-12　购物车页面效果

第7章

Vue.js路由

本章导读

    Vue.js 前端框架配套的官方路由库是 Vue Router，在前端项目中使用 Vue Router 可以实现用 JavaScript 语言兼容的语法来定义静态或动态路由，它可以将每条路由映射到应该显示的组件上，可以拦截链接并精确地控制导航结果。本章将主要介绍如何应用 Vue Router 实现客户端路由。

本章要点

- 以构建方式使用路由
- 路由参数及其匹配规则
- 嵌套路由
- 命名路由
- 命名视图

7.1 路由基础

在传统的 Web 应用项目开发过程中，路由通常指的是服务器端路由，其作用是服务器根据用户访问的链接（URL）路径返回响应结果。在一个传统的服务器端渲染的 Web 应用项目中，当链接被单击时浏览器会从服务器端获取响应，然后重新加载整个页面。

7.1 路由基础

在 Vue.js 框架支持开发的单页面应用中，浏览器端的 JavaScript 可以拦截页面的跳转请求，以 AJAX 方式获取服务器端数据，然后在无须重新加载整个页面的情况下更新内容。在 Web 前端开发更偏向"应用"的场景下，这样通常可以带来更顺滑的用户体验，因为这类场景中的用户往往会在一个页面中停留较长时间并做出多次交互（多次从服务器更新数据）。

在这类单页面应用中，路由是在客户端（浏览器端）执行的，客户端路由的职责就是利用浏览器端的 JavaScript 拦截页面的跳转请求，根据请求内容管理当前页面应该渲染的视图。

Vue.js 框架提供了名为 Vue Router 的官方客户端路由，其与 Vue.js 核心深度集成，提供了完备的客户端路由功能，而且让客户端路由更易于应用在前端项目开发过程中。本章主要介绍的是如何配合 Vue.js 框架使用 Vue Router，进而使用客户端路由，不涉及服务器端路由的内容。

在使用 Vue.js 开发前端应用时，可以将整个应用划分为一个个组件，加入 Vue Router 应用客户端路由时，需要做的就是将组件映射到链接上，让 Vue Router 管理全部路由设置并在链接被单击时在正确位置渲染对应组件。

在使用非构建方式开发的页面中，Vue Router 可以通过 JavaScript 文件方式引入页面，引入后通过定义路由、创建路由实例和将路由实例应用到当前 Vue.js 的根实例上这 3 个主要步骤即可实现客户端路由功能。要注意的是，Vue Router 实现的客户端路由是基于 Vue.js 组件的，也就是说只有在组件化开发的项目中才能使用 Vue Router 实现客户端路由。具体案例如下。

【案例 7-1】以非构建方式使用路由。

```
01    <!DOCTYPE html>
02    <html lang="en">
03    <head>
04      <meta charset="UTF-8">
05      <title>7-1</title>
06      <link rel="stylesheet" type="text/css" href="7-1.css">
07      <script src="https://unpkg.com/vue@3"></script>
08      <script src="https://unpkg.com/vue-router@4"></script>
09    </head>
10    <body>
11      <div id="app">
12        <h1>Web 前端技术圈</h1>
13        <nav id="primary_nav_wrap">
14          <ul>
15            <li class="current-menu-item">
16              <router-link to="/">首页</router-link>
17            </li>
```

```
18          <li><a href="#">发表动态</a></li>
19          <li><a href="#">推荐</a></li>
20          <li><a href="#">搜索</a></li>
21          <li>
22            <a href="#">设置</a>
23            <ul>
24              <li><a href="#">私信</a></li>
25              <li><a href="#">修改密码</a></li>
26              <li><a href="#">退出登录</a></li>
27            </ul>
28          </li>
29          <li>
30            <router-link to="/about">关于</router-link>
31          </li>
32        </ul>
33      </nav>
34      <div style="clear:both;"></div>
35      <router-view></router-view>
36      <script type="text/javascript">
37        // 定义组件
38        const Home = { template: '<p>网站首页部分……</p>' }
39        const About = { template: '<p>网站基本信息部分……</p>' }
40        // 定义路由，每个路由都需要映射到一个组件上
41        const routes = [
42          { path: '/', component: Home },
43          { path: '/about', component: About },
44        ]
45        //创建路由实例
46        const router = VueRouter.createRouter({
47          // 使用 createWebHashHistory 模式
48          history: VueRouter.createWebHashHistory(),
49          routes: routes
50        })
51        // 创建 Vue 根实例
52        const app = Vue.createApp({})
53        // 使用路由实例
54        app.use(router)
55        app.mount('#app')
56      </script>
57    </div>
58  </body>
59  </html>
```

【代码说明】

第 06 行代码为引入样式文件（样式文件可参考本书附带的电子资料）。

第 07 行、08 行代码通过<script>标签，从公开的 CDN 引入了最新版本的 Vue.js 3.x 和最新版本的 Vue Router 4.x。

第 16 行和 30 行代码分别创建了一个路由中已定义的链接，此处没有使用常规的<a>标签创建链接，而是使用了 Vue Router 提供的组件 router-link 来创建链接。相比<a>标签创建的链接，这种方

式使得 Vue Router 可以在不重新加载页面的情况下更新链接。

第 35 行代码为路由定义的链接被单击后,对应的组件会渲染到<router-view>标签所在的位置,该标签可以放在页面任何地方。

第 38 行和 39 行代码定义了名为 Home 和 About 的组件。

第 41 行～44 行代码以规定格式的对象数组的方式定义了两条路由信息,"/"对应 Home 组件,"/about"对应 About 组件。

第 46 行～50 行代码创建路由实例,其参数对象中 history 字段对应路由历史记录的模式,可设置为 createWebHistory 模式或 createWebHashHistory 模式,由于设置为 createWebHistory 模式需要配置服务器,所以为了方便运行调试,这里设置为 createWebHashHistory 模式。参数对象中 routes 字段对应的值是前面创建好的路由实例。

第 54 行代码为将创建好的路由实例应用到当前页面的 Vue 根实例上。

运行结果如图 7-1 所示,单击"首页"和"关于"可以切换显示不同的组件。

图 7-1　以非构建方式使用路由

7.2　以构建方式使用路由

在使用构建方式开发 Vue.js 项目并使用路由时,首先需要将 Vue Router 引入项目中。Vue Router 可以在创建初始项目时引入,也可以通过 npm 安装到现有的项目中。

要创建 Vue.js 初始项目并引入 Vue Router,在本书第 1 章介绍的创建初始项目的方法上修改一项设置即可。具体步骤是,首先通过系统命令行工具进入目标文件夹,执行下面的命令来创建项目,然后在创建项目时选择"Yes"来添加 Vue Router 支持的选项。

7.2　以构建方式使用路由 1

```
npm init vue@latest
```

以在 D 盘根目录创建项目为例,整个创建过程如图 7-2 所示。

对于现有的 Vue.js 构建式初始项目,如需引入 Vue Router 的支持,需要通过 npm 来安装并引入。具体步骤是,通过系统命令行工具进入待引入 Vue Router 的项目的文件夹,执行下面的命令

```
D:\>npm init vue@latest
Need to install the following packages:
  create-vue@3.5.0
Ok to proceed? (y) y

Vue.js - The Progressive JavaScript Framework

√ Project name: ... vue-project
√ Add TypeScript? ... No / Yes
√ Add JSX Support? ... No / Yes
√ Add Vue Router for Single Page Application development? ... No / Yes
√ Add Pinia for state management? ... No / Yes
√ Add Vitest for Unit Testing? ... No / Yes
√ Add an End-to-End Testing Solution? » No
√ Add ESLint for code quality? ... No / Yes

Scaffolding project in D:\vue-project...

Done. Now run:

  cd vue-project
  npm install
  npm run dev
```

图 7-2　创建 Vue.js 构建式初始项目

引入 Vue Router 即可。注意在引入 Vue Router 后，项目运行前需重新执行一遍 npm install 命令。

```
npm install vue-router@4
```

7.2　以构建方式使用路由 2

【案例 7-2】以构建方式使用路由

（1）在本书第 6 章介绍的 Vue.js 构建式初始项目的 src 文件夹内创建 components 子文件夹并在其中创建单文件组件 AboutView.vue 和 HomeView.vue，对应代码如下。

AboutView.vue：

```
01    <template>
02      <p>网站基本信息部分……</p>
03    </template>
```

【代码说明】

该组件的逻辑代码部分和 CSS 代码部分没有内容，所以相应标签已省略。

第 01 行～03 行代码为在该组件的模板部分放置一个<p>标签并放置与组件功能对应的文本。

HomeView.vue。

```
01    <template>
02      <p>网站首页部分……</p>
03    </template>
```

【代码说明】

该组件的逻辑代码部分和 CSS 代码部分没有内容，所以相应标签已省略。

第 01 行～03 行代码为在该组件的模板部分放置一个<p>标签并放置与组件功能对应的文本。

（2）在初始项目的 src 文件夹内创建 assets 文件夹，将项目的样式文件 main.css 放入其中，样式文件可参考本书附带的电子资料，此处不再详细说明。

（3）在 App.vue 文件中添加如下代码。

```
01    <script>
02    import { RouterLink, RouterView } from 'vue-router'
03    </script>
04
05    <template>
06      <h1>Web 前端技术圈</h1>
```

```
07      <nav id="primary_nav_wrap">
08       <ul>
09        <li class="current-menu-item">
10         <router-link to="/">首页</router-link>
11        </li>
12        <li><a href="#">发表动态</a></li>
13        <li><a href="#">推荐</a></li>
14        <li><a href="#">搜索</a></li>
15        <li>
16         <a href="#">设置</a>
17         <ul>
18          <li><a href="#">私信</a></li>
19          <li><a href="#">修改密码</a></li>
20          <li><a href="#">退出登录</a></li>
21         </ul>
22        </li>
23        <li>
24         <router-link to="/about">关于</router-link>
25        </li>
26       </ul>
27      </nav>
28      <div style="clear:both;"></div>
29      <RouterView />
30     </template>
```

【代码说明】

第 02 行代码为引入 Vue Router 中的 RouterLink 和 RouterView 组件。

第 10 行和 24 行代码分别使用 RouterLink 在模板部分创建已在路由中定义的链接。

第 29 行代码为当路由定义的链接被单击后，对应的组件会渲染到<router-view>标签所在的位置，该标签可以放在页面的任何地方。

（4）在 main.js 文件中添加如下代码。

```
01    import { createApp } from 'vue'
02    import App from './App.vue'
03    import './assets/main.css'
04    import { createRouter, createWebHashHistory } from 'vue-router'
05    // 引入组件
06    import Home from './components/HomeView.vue'
07    import About from './components/AboutView.vue'
08    // 定义路由，每个路由都需要映射到一个组件上
09    const routes = [
10     { path: '/', component: Home },
11     { path: '/about', component: About },
12    ]
13    //创建路由实例
14    const router = createRouter({
15     // 使用 createWebHashHistory 模式的链接
16     history: createWebHashHistory(),
17     routes: routes
```

```
18    })
19    // 创建 Vue 根实例
20    const app = createApp(App)
21    // 使用路由到 App 上
22    app.use(router)
23    app.mount('#app')
```

【代码说明】

第 01 行代码引入 Vue.js 中的 createApp 方法。

第 02 行代码引入项目的根组件。

第 03 行代码引入样式文件。

第 04 行代码引入 Vue Router 中的 createRouter 和 createWebHashHistory 方法。

第 06 行和 07 行代码引入自定义的组件，分别命名为 Home 和 About。

第 09 行～12 行代码以规定格式的对象数组的方式定义了两条路由信息，"/"对应 Home 组件，"/about"对应 About 组件。

第 14 行～18 行代码创建路由实例，其参数对象中的 history 字段对应路由链接的模式，可设置为 createWebHistory 模式或 createWebHashHistory 模式，此处使用的是 createWebHashHistory 模式。参数对象中 routes 字段对应的值是前面创建好的路由实例。

第 22 行代码为将创建好的路由实例应用到当前页面的 Vue 根实例上。

运行结果如图 7-3 所示，单击"首页"和"关于"可以切换显示不同的组件。

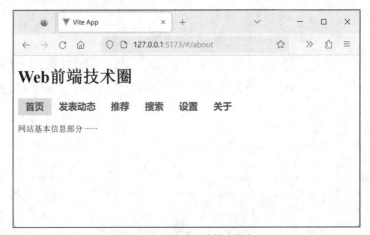

图 7-3 以构建方式使用路由

7.3 带参数路由的匹配

在项目开发中，很多时候需要组件根据传入的信息显示不同的内容，但是对于一个显示用户信息的组件来说，不可能为每个用户都单独定义一个组件，正确的做法是：渲染组件时将用户的 id 传递给组件，组件根据用户 id 显示对应用户的信息。使用 Vue Router 是可以实现带参数的路由的。

7.3.1　路由参数

在定义路由信息时，链接路径中可以放入路由参数，路由参数用冒号表示，示例代码如下。

```
const routes = [
  { path: '/setting/:id', component: Setting },
]
```

当上述路由被匹配时，路由参数 id 的值可以在 Setting 组件中通过 this.$route.params.id 获取。比如链接路径"/setting/6"对应 Setting 组件，通过该链接访问网站时，Setting 组件通过 this.$route.params.id 获取到的参数值为"6"。

在一条路由路径中是可以包含多个参数的，示例代码如下。

```
const routes = [
  { path: '/:domain/setting/:name/:id', component: Setting },
]
```

路由路径中包含 domain 和 id 两个参数，通过链接路径"/public/setting/6"访问网站时，Setting 组件通过 this.$route.params.domain 获取到的参数值为"public"，this.$route.params.id 获取到的参数值为"6"。

【案例 7-3】路由参数应用。

（1）在【案例 7-2】的项目基础上，在其 src 文件夹内的 components 文件夹中创建一个单页面组件文件 SettingView.vue，代码如下。

```
01  <template>
02    <p>当前用户: {{ $route.params.id }}</p>
03  </template>
```

【代码说明】

该组件的逻辑代码部分和 CSS 代码部分没有内容，所以相应标签已省略。

第 01 行～03 行代码为在该组件的模板部分放置一个<p>标签并放置组件功能对应文本。<p>标签里面使用插值表达式获取路由参数 id 的值并插入文本中。

（2）修改 src 文件夹中 App.vue 文件的代码，具体如下。

```
01  <script>
02  import { RouterLink, RouterView } from 'vue-router'
03  </script>
04
05  <template>
06    <h1>Web 前端技术圈</h1>
07    <nav id="primary_nav_wrap">
08      <ul>
09        <li class="current-menu-item">
10          <router-link to="/">首页</router-link>
11        </li>
12        <li><a href="#">发表动态</a></li>
13        <li><a href="#">推荐</a></li>
```

```
14        <li><a href="#">搜索</a></li>
15        <li>
16          <router-link to="/setting">设置</router-link>
17          <ul>
18            <li><router-link to="/setting/Lucy">设置（用户：Lucy）</router-link></li>
19            <li><router-link to="/setting/张三">设置（用户：张三）</router-link></li>
20            <li><a href="#">退出登录</a></li>
21          </ul>
22        </li>
23        <li>
24          <router-link to="/about">关于</router-link>
25        </li>
26      </ul>
27    </nav>
28    <div style="clear:both;"></div>
29    <RouterView />
30  </template>
```

【代码说明】

第 18 行和 19 行代码为使用 router-link 创建路由链接，对应路由地址分别为"/setting/Lucy"和"/setting/张三"。

（3）修改 src 文件夹中 main.js 文件的代码，具体如下。

```
01  import { createApp } from 'vue'
02  import App from './App.vue'
03  import './assets/main.css'
04  import { createRouter, createWebHashHistory } from 'vue-router'
05  import Home from './components/HomeView.vue'
06  import About from './components/AboutView.vue'
07  import Setting from './components/SettingView.vue'
08  const routes = [
09    { path: '/', component: Home },
10    { path: '/about', component: About },
11    //定义带参数路由
12    { path: '/setting/:id', component: Setting },
13  ]
14  const router = createRouter({
15    history: createWebHashHistory(),
16    routes: routes
17  })
18  //创建 Vue.js 实例
19  const app = createApp(App)
20  app.use(router)
21  app.mount('#app')
```

【代码说明】

第 07 行代码为引入新添加的组件并将其命名为 Setting。

第 12 行代码为新增一条路由规则，带参数路由路径为"/setting/:id"，对应组件为 Setting。

运行结果如图 7-4 所示，单击"首页"和"关于"可以切换显示不同的组件，通过"设置"可以使用带不同路由参数的链接来显示 Setting 组件，显示的内容包含路由参数的值。

图 7-4　路由参数应用

7.3.2　路由参数匹配规则

7.3.2　路由参数匹
配规则

路由参数在和链接路径匹配时，除了前面介绍的直接匹配方式，还支持正则
表达式、可重复参数和可选参数等多种匹配方式。

使用正则表达式的路由参数用法如下。

```
const routes = [
 //:userId(\\d+) 仅匹配数字
 { path: '/:userId(\\d+)' },
 //:userName 匹配其他任何内容
 { path: '/:userName' },
]
```

通过在参数后面使用圆括号来加入正则表达式可定义路由参数的匹配内容。举例来说，上面定
义的路由，对于链接路径"/6"将匹配到"/:userId"，对于其他参数为非数字内容的链接，如"/admin"
将匹配到"/:userName"，匹配规则不受路由定义的顺序影响。

当路由参数需要匹配多项内容时，可选择使用可重复参数，如下面这种路由情况。

```
const routes = [
 { path: '/:roleone/:roletwo/:rolethree' }
]
```

该路由路径带有 3 个参数，可使用可重复参数的定义方式来简化路由规则，用法如下。

```
const routes = [
 { path: '/:roles+' }
]
```

上述路由参数定义方式为在参数后加上符号"+"表示可匹配一个或多个参数，比如匹配链接
"/role1""/role1/role2"或"/role1/role2/role3"。除了符号"+"，也可使用符号"*"表示匹配零个或
多个参数。

如果需要单个的路由参数是可选的，比如需要"/user"和"/user/6"都是符合规则的路由链接，
可以在路由参数后面加上符号"?"，表示该参数是可选的，但不能重复，路由定义如下。

```
const routes = [
 { path: '/user/:userId?' }
]
```

最后，在默认情况下，所有路由是不区分大小写的，链接路径末尾的斜杠对路由匹配也没有影响。比如"/user/:userId?"将匹配链接路径"/users/6""/users/"和"/Users/"。在定义路由规则时，如果需要严格匹配大小写和链接路径末尾的斜杠，可以加入 strict 和 sensitive 选项来设置，这两个选项可以全局设置，也可以只对某一条路由规则设置，用法如下。

```
const router = createRouter({
  history: createWebHistory(),
  routes: [
    // 设置当前路由规则，匹配时区分大小写
    { path: '/user/:userId?', sensitive: true },

    // 设置当前路由规则，匹配时链接路径末尾不能有斜杠
    { path: '/users/:id?', strict: true},
  ]
  strict: true, // 如果在此处设置，则对所有路由规则生效
})
```

【案例 7-4】路由参数匹配规则应用。

（1）在【案例 7-3】的项目基础上，在其 src 文件夹内的 components 文件夹中创建一个单页面组件文件 SearchView.vue，代码如下。

```
01    <template>
02      <p v-for="k in $route.params.keyword">搜索关键词: {{ k }}</p>
03    </template>
```

【代码说明】

该组件的逻辑代码部分和 CSS 代码部分没有内容，所以相应标签已省略。

第 01 行～03 行代码为在该组件的模板部分放置一个<p>标签，标签里面使用 v-for 指令将获取到的路由参数全部渲染出来。

（2）修改 components 文件夹中 SettingView.vue 文件的代码，具体如下。

```
01    <template>
02      <p>用户名: {{ $route.params.userName }}</p>
03      <p>用户 id: {{ $route.params.userId }}</p>
04    </template>
```

【代码说明】

该组件的逻辑代码部分和 CSS 代码部分没有内容，所以相应标签已省略。

第 02 行和 03 行代码为在该组件的模板部分放置两个<p>标签，标签绑定获取到的路由参数 userName 和 userId 的值。

（3）修改 src 文件夹中 App.vue 文件的代码，具体如下。

```
01    <script>
02    import { RouterLink, RouterView } from 'vue-router'
03    </script>
04
05    <template>
06      <h1>Web 前端技术圈</h1>
07      <nav id="primary_nav_wrap">
```

```
08          <ul>
09           <li class="current-menu-item">
10            <router-link to="/">首页</router-link>
11           </li>
12           <li><a href="#">发表动态</a></li>
13           <li><a href="#">推荐</a></li>
14           <li>
15         <router-link to="/search/java/javascript/vue">搜索</router-link>
16           </li>
17           <li>
18            <router-link to="/setting">设置</router-link>
19            <ul>
20             <li>
21           <router-link to="/setting/Lucy/1">设置（用户：Lucy）</router-link>
22             </li>
23             <li>
24           <router-link to="/setting/张三/2">设置（用户：张三）</router-link>
25             </li>
26             <li><a href="#">退出登录</a></li>
27            </ul>
28           </li>
29           <li>
30            <router-link to="/about">关于</router-link>
31           </li>
32          </ul>
33         </nav>
34         <div style="clear:both;"></div>
35         <RouterView />
36        </template>
```

【代码说明】

第 15 行代码中，使用 router-link 创建路由链接，对应路由地址为 "/search/java/javascript/vue"。

第 21 和 24 行代码中，使用 router-link 创建路由链接，对应路由地址分别为 "/setting/Lucy/1" 和 "/setting/张三/2"。

（4）修改 src 文件夹中 main.js 文件的代码，具体如下。

```
01        import { createApp } from 'vue'
02        import App from './App.vue'
03        import './assets/main.css'
04        import { createRouter, createWebHashHistory } from 'vue-router'
05        import Home from './components/HomeView.vue'
06        import About from './components/AboutView.vue'
07        import Search from './components/SearchView.vue'
08        import Setting from './components/SettingView.vue'
09        const routes = [
10          { path: '/', component: Home },
11          { path: '/about', component: About },
12          //可接收多个参数的路由设置
13          { path: '/search/:keyword+', component: Search },
14          //带正则表达式的路由设置
```

```
15      { path: '/setting/:userName/:userId(\\d+)', component: Setting },
16    ]
17    const router = createRouter({
18      history: createWebHashHistory(),
19      routes: routes,
20      //全局设置区分大小写和链接末尾的斜杠
21      sensitive: true,
22      strict: true,
23    })
24    const app = createApp(App)
25    app.use(router)
26    app.mount('#app')
```

【代码说明】

第 07 行代码为引入新添加的组件并命名为 Search。

第 13 行代码定义一条路由规则，带可重复路由参数的路径为"/search/:keyword+"，对应组件为 Search。

第 15 行代码定义一条路由规则，带含正则表达式的路由参数的路径为"/setting/:userName/:userId (\\d+)"，对应组件为 Setting。

第 21 行和 22 行代码通过将 sensitive 和 strict 选项赋值为 true，全局设置路由在匹配时区分大小写和链接末尾的斜杠。

运行结果如图 7-5 所示，单击"搜索"可以显示 Search 组件和链接所带的路由参数，通过"设置"可以使用带不同路由参数的链接来显示 Setting 组件，显示的内容包含路由参数的值。

图 7-5　路由参数匹配规则应用

7.4　嵌套路由

7.4　嵌套路由

在第 6 章中提到过，在基于 Vue.js 的前端项目中组件是可以相互嵌套的。对于由多个组件嵌套组成的页面，路由规则也需要与组件的嵌套结构对应，如图 7-6 所示的这种情况。

图 7-6　路由规则与组件嵌套匹配

在配置项目路由时，可以使用嵌套路由配置来表达图 7-6 中的这种组件嵌套关系。比如图 7-6 中的组件模板代码如下。

App.vue：

```
<div id="app">
  <router-view></router-view>
</div>
```

SettingView.vue：

```
<template>
  <div>
    <router-view> </router-view>
  </div>
</template>
```

ChangePwdView.vue：

```
<template>
  <!-- 修改密码的组件模板 -->
</template>
```

PostView.vue：

```
<template>
  <!-- 编辑发表内容的组件模板 -->
</template>
```

App 组件处于顶层，其中的<router-view>标签渲染顶层路由匹配的组件。SettingView 组件是 App 组件的子组件，子组件中也可以使用<router-view>标签，如果需要把指定组件渲染到 SettingView 中的<router-view>标签，则要用到嵌套路由配置，在路由配置中使用 children 选项可以定义嵌套的路由，具体做法如下。

```
const routes = [
  {
    path: '/setting/:user',
    component: Setting,
    children: [
      {
        // 当 /setting/:id/changepwd 匹配成功
        // ChangePwdView 将被渲染到 SettingView 的<router-view>内部
        path: 'changepwd',
        component: ChangePwd,
```

```
        },
        {
          // 当/setting/:id/post 匹配成功
          // PostView 将被渲染到 SettingView 的<router-view>内部
          path: 'post',
          component: Post,
        },
      ],
    },
]
```

在路由配置中，以斜杠开头的路径将被视为根路径，嵌套路由中的路径如果不以斜杠开头则会被视作相对路径。

按照上面的路由配置，children 选项的内容本质上和 routes 的一样，都是路由配置的数组，路由如何嵌套和嵌套几次可以依据项目需求而定。

对于嵌套路由，如果链接仅仅访问了上层路由，如访问/setting/lucy 时，在 SettingView 组件的<router-view>标签里面什么都不会被呈现，因为没有匹配到嵌套路由。如果需要在这种情况下也呈现组件，可以定义一个路径为空的嵌套路由，对应组件将在这时被呈现。

【案例 7-5】嵌套路由应用。

（1）在【案例 7-3】的项目基础上，在其 src 文件夹内的 components 文件夹中创建两个单页面组件文件 ChangePwdView.vue 和 PostView.vue，代码如下。

ChangePwdView.vue。

```
01    <template>
02      <form><input type="password" placeholder="现有密码"/><br/>
03      <input type="password" placeholder="新密码"/><br/>
04      <input type="password" placeholder="确认新密码"/><br/>
05      <input type="button" value="确定修改密码"/></form>
06    </template>
```

【代码说明】

该组件的逻辑代码部分和 CSS 代码部分没有内容，所以相应标签已省略。

第 01 行～06 行代码为在该组件的模板部分放置一组<input>标签，模拟用户修改密码的表单页面。

PostView.vue。

```
01    <template>
02      <ul>
03        <li>[<a href="#">编辑</a>]没有时光机，只有脚踏实地。</li>
04        <li>[<a href="#">编辑</a>]改正自我，提高自我。</li>
05        <li>[<a href="#">编辑</a>]做一个有时间观念的人。</li>
06      </ul>
07    </template>
```

【代码说明】

该组件的逻辑代码部分和 CSS 代码部分没有内容，所以相应标签已省略。

第 01 行～07 行代码为在该组件的模板部分放置一组列表标签，模拟用户编辑已发布文章的页面。

（2）修改 components 文件夹中 SettingView.vue 文件的代码，具体如下。

```
01    <template>
02      <p>用户名：{{ $route.params.name }}</p>
03      <div>
04        <RouterView />
05      </div>
06    </template>
```

【代码说明】

该组件的逻辑代码部分和 CSS 代码部分没有内容，所以相应标签已省略。

第 02 行代码为在该组件的模板部分放置一个<p>标签，绑定标签获取到的路由参数为 name 的值。

第 04 行代码为在该组件的模板部分放置一个<RouterView>标签，嵌套路由对应组件将被渲染到该标签所在位置。

（3）修改 src 文件夹中 App.vue 文件的代码，具体如下。

```
01    <script setup>
02    import { RouterLink, RouterView } from 'vue-router'
03    </script>
04
05    <template>
06      <h1>Web 前端技术圈</h1>
07      <nav id="primary_nav_wrap">
08        <ul>
09          <li class="current-menu-item">
10            <router-link to="/">首页</router-link>
11          </li>
12          <li><a href="#">发表动态</a></li>
13          <li><a href="#">推荐</a></li>
14          <li><a href="#">搜索</a></li>
15          <li>
16            <router-link to="/setting">设置</router-link>
17            <ul>
18              <li>
19                <router-link to="/setting/Lucy/changepwd">
20                  修改密码（用户：Lucy）
21                </router-link>
22              </li>
23              <li>
24                <router-link to="/setting/张三/post">
25                  管理文章（用户：张三）
26                </router-link>
27              </li>
28              <li><a href="#">退出登录</a></li>
29            </ul>
30          </li>
31          <li>
32            <router-link to="/about">关于</router-link>
33          </li>
34        </ul>
```

```
35     </nav>
36     <div style="clear:both;"></div>
37     <RouterView />
38   </template>
```

【代码说明】

第 19 行～21 行代码中，使用 router-link 创建路由链接，对应路由地址为 "/setting/Lucy/changepwd"。

第 24 行～26 行代码中，使用 router-link 创建路由链接，对应路由地址为 "/setting/张三/post"。

（4）修改 src 文件夹中 main.js 文件的代码，具体如下。

```
01   import { createApp } from 'vue'
02   import App from './App.vue'
03   import './assets/main.css'
04   import { createRouter, createWebHashHistory } from 'vue-router'
05   import Home from './components/HomeView.vue'
06   import About from './components/AboutView.vue'
07   import Setting from './components/SettingView.vue'
08   import ChangePwd from './components/ChangePwdView.vue'
09   import Post from './components/PostView.vue'
10   //路由定义
11   const routes = [
12     { path: '/', component: Home },
13     { path: '/about', component: About },
14     {
15       path: '/setting/:name?',
16       component: Setting,
17       children:[
18         { path: 'changepwd', component: ChangePwd },
19         { path: 'post', component: Post },
20         { path: '', component: Home },
21       ]}
22   ]
23   //创建路由对象
24   const router = createRouter({
25     history: createWebHashHistory(),
26     routes,
27   })
28   //创建 Vue.js 实例，使用路由
29   const app = createApp(App)
30   app.use(router)
31   app.mount('#app')
```

【代码说明】

第 08 行和 09 行代码为引入新添加的组件并将它们分别命名为 ChangePwd 和 Post。

第 14 行～21 行代码为将原有路由路径改为 "/setting/:name?"，并添加 children 选项定义嵌套路由。

第 17 行～21 行代码定义了嵌套路由，第 18 行和 19 行代码定义了嵌套路由的路径和对应的组件。第 20 行代码中的嵌套路由路径为空，表示如果链接路径中没有给出嵌套部分，如 "/setting/Lucy"，那么将匹配该行代码定义的组件。

运行结果如图 7-7 所示，通过"设置"的"修改密码"和"管理文章"可以显示 Setting 组件，该组件中显示的子组件由链接路径匹配的嵌套路由来定义。

图 7-7　嵌套路由应用

7.5　命名路由

7.5　命名路由

在定义路由时，除了必须指明路径和对应组件之外，还可以为路由指定名称，做法如下。

```
const routes = [
  {
    path: '/',
    name: 'home',
    component: Home,
  },
]
```

其中 name 选项对应的值就是路由的名称。有了命名路由，router-link 组件创建链接时向其 to 属性传递路由的名称即可，不必传递实际的链接路径，比如下面这样。

```
<router-link :to="{name:'home'}">首页</router-link>
```

使用命名路由可以避免页面模板中使用硬编码的链接，在路由定义改变时不需要逐一核对并修改页面模板中的链接。

【案例 7-6】命名路由应用。

在【案例 7-5】的项目基础上，修改 src 文件夹内的 main.js 和 App.vue，代码如下。

main.js。

```
01   import { createApp } from 'vue'
02   import App from './App.vue'
03   import './assets/main.css'
04   import { createRouter, createWebHashHistory } from 'vue-router'
05   import Home from './components/HomeView.vue'
06   import About from './components/AboutView.vue'
07   import Setting from './components/SettingView.vue'
08   import ChangePwd from './components/ChangePwdView.vue'
09   import Post from './components/PostView.vue'
10
11   const routes = [
12     { path: '/', name:'home' ,component: Home },
```

```
13      { path: '/about', name:'about' , component: About },
14      {
15       path: '/setting/:name?',
16       component: Setting,
17       //只需命名嵌套路由
18       children:[
19        { path: 'changepwd', name:'changepwd', component: ChangePwd },
20        { path: 'post', name:'post', component: Post },
21        { path: '', name:'set',component: Home },
22      ]}
23    ]
24
25    const router = createRouter({
26     history: createWebHashHistory(),
27     routes, // routes: routes 的缩写
28    })
29
30    const app = createApp(App)
31    app.use(router)
32    app.mount('#app')
```

【代码说明】

第 12 行和 13 行代码通过 name 指令为路由指定名称。

第 19 行～21 行代码通过 name 指令为嵌套部分的路由指定名称。

App.vue。

```
01    <script setup>
02    import { RouterLink, RouterView } from 'vue-router'
03    </script>
04
05    <template>
06     <h1>Web 前端技术圈</h1>
07     <nav id="primary_nav_wrap">
08      <ul>
09       <li class="current-menu-item">
10        <router-link :to="{ name: 'home' }">首页</router-link>
11       </li>
12       <li><a href="#">发表动态</a></li>
13       <li><a href="#">推荐</a></li>
14       <li><a href="#">搜索</a></li>
15       <li>
16        <router-link :to="{ name: 'set' }">设置</router-link>
17        <ul>
18    <li><router-link :to="{ name: 'changepwd', params: {name:'Lucy'}}">
19             修改密码（用户：Lucy）
20            </router-link></li>
21    <li><router-link :to="{ name: 'post', params: {name:'张三'}}">
22             管理文章（用户：张三）
23            </router-link></li>
24           <li><a href="#">退出登录</a></li>
```

```
25          </ul>
26        </li>
27        <li>
28          <router-link :to="{ name: 'about' }">关于</router-link>
29        </li>
30      </ul>
31    </nav>
32    <div style="clear:both;"></div>
33    <RouterView />
34  </template>
```

【代码说明】

第 10 行和 28 行代码为向 router-link 组件的 to 属性传递路由名称，该组件会被渲染为对应路由的链接。第 18 行～23 行代码放置了两个 router-link 组件，向该组件的 to 属性传递路由名称和路由参数，该组件会被渲染为对应路由的带参数的链接。

运行结果如图 7-8 所示。

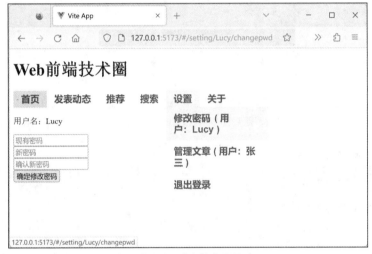

图 7-8　命名路由应用

7.6　命名视图

在前端项目开发中，在有些情况下页面是由多个组件构成的，访问这类页面的链接路径时，对应的路由在定义时需要指定多个对应的组件，页面模板在编码时也需要使用多个<router-view>标签来显示不同的组件，这种情况下就需要用到命名视图。

创建路由时，如果需要对应多个组件，可以使用 components 指令，用法如下。

7.6　命名视图

```
const routes = [
  { path: '/', name:'home' ,
    components:{
      default:Home,
      PostList:PostList,
      DoPost:DoPost,
```

```
    },
  }
]
```

components 指令对应一个对象，其中的字段对应视图名称，字段的值是相应的组件。在页面模板中使用\<router-view\>标签时可传入视图名称来指明需要显示的组件，做法如下。

```
<template>
  <p>网站首页部分……</p>
  <router-view name="DoPost"/>
  <router-view name="PostList"/>
</template>
```

如果不传递视图名称给\<router-view\>标签，将显示默认组件。

在有些情况下，组件之间是相互嵌套的，命名视图也能应用于这种情况，如图 7-9 所示的页面布局。

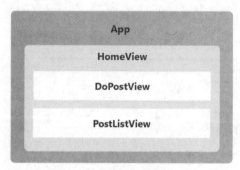

图 7-9　组件嵌套的页面布局

HomeView 的模板部分定义如下。

```
<template>
  <p>网站首页部分……</p>
  <router-view name="DoPost"/>
  <router-view name="PostList"/>
</template>
```

通过命名视图，HomeView 嵌套了两个子组件，而 HomeView 本身又是 App 的子组件，所以对于这种情况，路由应该按如下方式定义。

```
const routes = [
  {
    path: '/',
    component:Home,
    children:[
      {
        path: '',
        name: 'home',
        components: {
          PostList:PostList,
          DoPost: DoPost,
        }
      },
    ],
  },
]
```

从上述路由定义可以看出，在路由嵌套的基础上，子路由的定义中也可以使用 components 指令来定义命名视图。

【**案例 7-7**】命名视图应用。

（1）在【案例 7-6】的项目基础上，在 src 文件夹内的 components 文件夹中新增 ParentComp.vue、ChildComp.vue、DoPostView.vue 和 PostListView.vue 这 4 个文件，代码如下。

ParentComp.vue。

```
01   <template>
02     <div class="show">
03       <div class="show-title">
04         有什么新鲜事想分享？
05       </div>
06       <textarea class="show-textarea"></textarea>
07       <div class="show-btn">
08         <button>发送</button>
09       </div>
10     </div>
11   </template>
12
13   <style> ... </style>
```

【**代码说明**】

第 01 行～第 11 行代码为组件模板，参见本书【案例 6-6】中 HeadComp.vue 的第 37 行、第 39 行代码的说明。

第 13 行代码为组件的 CSS 样式（已略去，可参考本书附带的电子资料）。

ChildComp.vue。

```
01   <script>
02   export default {
03     props: {
04       name: String,
05       time: String,
06     },
07     data() {
08       return {
09         count: 0,
10       }
11     }
12   }
13   </script>
14
15   <template>
16     <div class="show">
17       <div class="show-content">
18         <div class="show-name">{{ name }}</div>
19         <div class="show-txt">
20           <p>
21             <slot></slot>
22           </p>
23           <img src="like.png" @click="count++" class="icons" />
24           <span class="msg">{{ count }}</span>
```

```
25        </div>
26        <div class="show-time">{{ time }}</div>
27      </div>
28    </div>
29  </template>
30
31  <style> ... </style>
```

【代码说明】

第 03 行～06 行代码为在组件的 props 选项中声明接收数据的属性名，属性 name 和属性 time 都是 String 类型。

第 18 行代码通过属性名 name 使用传递进来的数据。

第 21 行代码放置了一个组件插槽。

第 23 行代码用到的 like.png 图标需放置在项目的 public 文件夹中。

第 26 行代码通过属性名 time 使用了传递进来的数据。

第 31 行代码为组件的 CSS 样式（已略去，可参考本书附带的电子资料）。

DoPostView.vue。

```
01  <script>
02  import ParentComp from '../components/ParentComp.vue'
03  export default {
04    components: {
05      ParentComp
06    }
07  }
08  </script>
09
10  <template>
11    <ParentComp />
12  </template>
```

【代码说明】

第 02 行代码为引入 ParentComp 组件。

第 05 行代码为注册 ParentComp 组件。

第 11 行代码为在组件模板中使用 ParentComp 组件。

PostListView.vue。

```
01  <script>
02  import ChildComp from '../components/ChildComp.vue'
03  export default {
04    components: {
05      ChildComp
06    }
07  }
08  </script>
09
10  <template>
11    <ChildComp name="张承" time="2022 年 9 月 22 日">
12      青春为梦想拼搏，步履不停，勇攀高峰！
13    </ChildComp>
14    <ChildComp name="李华" time="2022 年 9 月 28 日">
```

```
15      团结协作、互助友爱!
16    </ChildComp>
17    <ChildComp name="刘洋" time="2022年10月1日">
18      脚踏实地，走稳走远!
19    </ChildComp>
20  </template>
```

【代码说明】

第 02 行代码为引入 ChildComp 组件。

第 05 行代码为注册 ChildComp 组件。

第 11 行～19 行代码为在组件模板中使用 3 次 ChildComp 组件并传递不同的内容。

（2）修改 src 文件夹中的 main.js 的代码。

```
01  import { createApp } from 'vue'
02  import App from './App.vue'
03  import './assets/main.css'
04  import { createRouter, createWebHashHistory } from 'vue-router'
05  import Home from './components/HomeView.vue'
06  import About from './components/AboutView.vue'
07  import Setting from './components/SettingView.vue'
08  import ChangePwd from './components/ChangePwdView.vue'
09  import Post from './components/PostView.vue'
10  import PostList from './components/PostListView.vue'
11  import DoPost from './components/DoPostView.vue'
12
13  const routes = [
14    {
15      path: '/',
16      component:Home,
17      children:[
18        {
19          path: '',
20          name: 'home',
21          components: {
22            PostList:PostList,
23            DoPost:DoPost,
24          }
25        },
26      ],
27    },
28    { path: '/about', name:'about' , component: About },
29    {
30      path: '/setting/:name?',
31      component: Setting,
32      children:[
33        { path: 'changepwd', name:'changepwd', component: ChangePwd },
34        { path: 'post', name:'post', component: Post },
35      ]
36    }
37  ]
38
39  const router = createRouter({
40    history: createWebHashHistory(),
```

```
41      routes, // routes: routes 的缩写
42    })
43
44    const app = createApp(App)
45    app.use(router)
46    app.mount('#app')
```

【代码说明】

第 10 行和 11 行代码为引入 PostList 和 DoPost 组件。

第 14 行～27 行代码定义了一个嵌套路由，其中第 21 行～24 行代码在子路由中引入了两个组件，并分别将它们命名为 PostList 和 DoPost。

（3）修改 src 文件夹内的 components 文件夹中的 HomeView.vue 的代码。

```
01    <template>
02      <p>网站首页部分……</p>
03      <router-view name="DoPost"/>
04      <router-view name="PostList"/>
05    </template>
```

【代码说明】

第 03 和 04 行代码使用 RouterView 组件并通过 name 属性设置需要显示的子组件的名称。此处为命名视图的应用。

运行结果如图 7-10 所示。

图 7-10　命名视图应用

7.7 路由别名与重定向

路由别名指的是除与该路由匹配的链接路径外，还可以将其他指定的链接路径匹配到该路由上。比如原本匹配路径为 "/" 的路由，对其定义别名 "/home" 和 "/index"，那么当用户访问 "/home" 或 "/index" 时，链接路径虽然是 "/home" 或 "/index"，但会被匹配为用户正在访问 "/"。路由别名可

7.7 路由别名与重定向

以通过 alias 指令设置，该指令对应字符串或字符串数组，表示一个或多个路由别名，设置路由别名的示例代码如下。

```
const routes = [{path:'/',component:Home ,alias:['/home','/index']}]
```

通过设置别名，可以将嵌套路由映射到任意的一个链接路径上，不受实际路由嵌套结构的限制。要注意的是，如果路由包含参数，那么设置别名时也应该指明参数，示例代码如下。

```
const routes = {
    path: '/setting/:name',
    component: Setting,
    children: [
        // 嵌套路由的别名，且包含参数
        { path: 'changepwd', name: 'changepwd', component: ChangePwd,
          alias: ['/:name', ''] },
        { path: 'post', name: 'post', component: Post },
    ]
}
```

除了设置别名，路由也支持重定向，重定向指的是当用户访问某个链接路径时，用重定向的路径替换该链接路径，再通过路由匹配目标。比如将链接路径 "/setting" 重定向到 "/setting/Guest"，当用户访问 "/setting" 时，实际的链接路径将被替换为 "/setting/Guest"，再通过路由匹配目标。路由重定向示例代码如下。

```
const routes = {
    //将"/setting"重定向到"/setting/Guest"
    { path: '/setting', redirect: '/setting/Guest' },
    //将"/post"重定向到命名路由
    { path: '/post',
    redirect: { name: 'post', params: { name: '张三' } } },
}
```

路由重定向也支持相对路径，但是具体做法与重定向到绝对路径有区别，代码如下。

```
const routes = {
    path: '/admin/:name',
    redirect: to => {
        // 方法接收目标路由作为参数
        // 返回值对象是重定向的命名路由和路由参数
        return { name: 'changepwd', params: { name: to.params.name } }
    }
}
```

157

【案例 7-8】路由别名与重定向。

在【案例 7-7】的项目基础上，修改 src 文件夹内的 main.js，代码如下。

```
01    import { createApp } from 'vue'
02    import App from './App.vue'
03    import './assets/main.css'
04    import { createRouter, createWebHashHistory } from 'vue-router'
05    import Home from './components/HomeView.vue'
06    import About from './components/AboutView.vue'
07    import Setting from './components/SettingView.vue'
08    import ChangePwd from './components/ChangePwdView.vue'
09    import Post from './components/PostView.vue'
10    import PostList from './components/PostListView.vue'
11    import DoPost from './components/DoPostView.vue'
12    const routes = [
13        {
14            path: '/',
15            component: Home,
16            children: [
17                {
18                    path: '',
19                    name: 'home',
20                    components: {
21                        PostList,
22                        DoPost,
23                    },
24                    alias: ['/home', '/index'],
25                },
26            ],
27        },
28        { path: '/about', name: 'about', component: About },
29        {
30            path: '/setting/:name',
31            component: Setting,
32            children: [
33                { path: 'changepwd', name: 'changepwd',
34                  component: ChangePwd, alias: ['/:name', ''] },
35                { path: 'post', name: 'post', component: Post },
36            ]
37        },
38        { path: '/setting', redirect: '/setting/Guest' },
39        { path: '/post', redirect: {
40          name: 'post',
41          params: { name: '张三' } }
42        },
43        {
44            path: '/admin/:name',
45            redirect: to => {
46                console.log(to);
47                return {
48                    name: 'changepwd',
49                    params: { name: to.params.name } }
50            }
```

```
51        },
52    ]
53
54    const router = createRouter({
55        history: createWebHashHistory(),
56        routes,
57    })
58
59    const app = createApp(App)
60    app.use(router)
61    app.mount('#app')
```

【代码说明】

第 24 行代码使用 alias 指令为当前链接路径设置别名。

第 34 行代码使用 alias 指令为当前链接路径设置别名，该路由包含参数，所以别名也需包含参数。

第 38 行～42 行代码使用 redirect 指令重定向路由，第 38 行代码直接重定向到链接路径，第 39 行～42 行代码重定向到命名路由。

第 43 行～51 行代码使用 redirect 指令重定向路由，第 45 行～50 行代码直接设置路由重定向的方法，该方法接收目标路由作为参数，返回值对象是重定向的命名路由和路由参数。

运行结果虽然与【案例 7-7】看起来没有区别，但实际上在本案例中设置了链接路径别名与路由重定向，对应关系如表 7-1 所示。

表 7-1　链接路径别名与路由重定向的对应关系

链接路径	路由匹配
/home	该路径是 "/" 的别名，会被匹配为正在访问 "/"
/index	该路径是 "/" 的别名，会被匹配为正在访问 "/"
/setting	重定向到 "/setting/Guest"
/post	重定向到命名路由 "post"，对应路径是 "/setting/张三/post"
/admin/:name	重定向到 "/setting/:name/changepwd"，参数和链接路径中的参数一样

7.8　编程式导航

通常情况下单击页面中的链接可以显示匹配的路由的内容，除了这种方式之外，通过 JavaScript 代码调用路由实例的方法也能触发和直接在页面中单击链接一样的效果，这就是编程式导航。

7.8　编程式导航

在 Vue.js 的实例中，可以通过 this.$router 获取路由实例，使用路由实例的 push 方法可以实现编程式导航。push 方法的参数可以是一个字符串路径，或者一个描述地址的对象。示例代码如下。

```
//字符串路径（路径有重定向）
this.$router.push("/index");
//带参数的命名路由对象
this.$router.push({ name: 'changepwd', params: { name: 'Lucy' } });
//命名路由对象
```

```
this.$router.push({ name: 'home' });
//带参数的命名路由对象
this.$router.push({ name: 'post', params: { name: '张三' } });
//命名路由对象
this.$router.push({ name: 'about' });
```

push 方法接收的对象与 router-link 组件的 to 指令接收的对象相同，两者的使用规则也是一样的。push 方法会返回一个 Promise 对象，该对象可以在导航结束后获取导航成功还是失败的通知。

编程式导航和直接在页面上单击链接一样，会向浏览器的历史记录中添加一个新的条目，当用户单击浏览器后退按钮时，会回到之前的页面。如果需要在导航时不向浏览器的历史记录中添加条目，可以使用路由实例的 replace 方法，或在传递给 push 方法的对象中添加一个 replace 字段并将其设置为 true。

路由实例也提供了 go 方法，其作用是在浏览器历史记录中向前或向后跳转，用法和浏览器对象模型中的 window.history.go 方法的是一样的。

【案例 7-9】编程式导航应用。

在【案例 7-8】的项目基础上，修改 src 文件夹内的 App.vue，代码如下。

```
01   <script>
02   import { RouterLink, RouterView } from 'vue-router';
03   export default {
04     mounted() {
05       let routersArray = [];
06       routersArray.push("/index");
07       routersArray.push({
08         name: 'changepwd',
09         params: { name: 'Lucy' }
10       });
11       routersArray.push({ name: 'home' });
12       routersArray.push({
13         name: 'post',
14         params: { name: '张三' }
15       });
16       routersArray.push({ name: 'about' });
17       setInterval(function (router) {
18         let r = routersArray.shift();
19         routersArray.push(r);
20         router.push(r);
21       }, 3000, this.$router);
22     }
23   }
24   </script>
25
26   <template> ... </template>
```

【代码说明】

第 02 行代码为从 Vue Router 导入 RouterLink 和 RouterView 组件，它们在模板部分中被使用。

第 04 行～22 行代码为在 mounted 方法内添加执行代码，根据组件生命周期，该部分代码会在当前组件加载完成后执行。

第 05 行代码为声明一个用于保存不同类型的路由对象的数组。

第 06 行代码为将字符串路径 "/index" 添加到路由对象的数组中。

第 07 行~10 行代码为将带参数的名为 "changepwd" 的命名路由对象添加到路由对象的数组中。

第 11 行代码为将不带参数的名为 "home" 的命名路由对象添加到路由对象的数组中。

第 12 行~15 行代码为将带参数的名为 "post" 的命名路由对象添加到路由对象的数组中。

第 16 行代码为将不带参数的名为 "about" 的命名路由对象添加到路由对象的数组中。

第 17 行~21 行代码为开启一个周期执行，周期为 3000 ms，传入周期执行方法的参数是路由实例 this.$router，每次周期执行的代码中，第 18 行代码从路由对象的数组取出第一项数据元素，第 19 行代码将取出的第一项数组元素放到数组末尾，第 20 行代码以取出的数组元素为参数执行 push 方法，实现编程式导航。

案例运行后，页面会依次在表 7-2 所示的链接路径中实现自动导航，实现自动导航的方式是周期执行编程式导航的代码。

表 7-2　编程式导航的链接路径

push 方法输入参数	链接路径
/index	对应链接为 "/"
{name:'changepwd',params:{name:'Lucy'}}	对应链接为 "/setting/Lucy/changepwd"
{name:'post',params:{name:'张三'}}	对应链接为 "/setting/张三/post"
{name:'about'}	对应链接为 "/about"

本章小结

本章首先介绍了客户端路由基础，然后详细说明了在使用构建方式开发的 Vue.js 前端项目中如何使用 Vue Router 实现客户端路由应用。使用 Vue Router 除可实现基本路由功能外，还可以实现带参数路由与设置路由参数匹配规则，路由定义时也能进行嵌套以适应由组件相互嵌套构成的前端页面。除此之外，本章也介绍了与前端项目开发相关的路由应用方式，包括命名路由、命名视图、路由别名与重定向和编程式导航。

习　题

7-1　简要说明什么是客户端路由，它和服务器端路由有什么区别。

7-2　列举路由参数可用的匹配规则。

7-3　路由别名和路由重定向在使用上有哪些区别？

7-4　使用路由实现图 7-11 所示的页面切换功能。

图 7-11　路由的应用

7-5　使用构建模式创建 Vue.js 项目，灵活使用组件和路由相关知识，实现图 7-12 和图 7-13 所示的页面。

图 7-12　页面功能设计图一

图 7-13　页面功能设计图二

第8章
Vue.js渲染方法

08

本章导读

在 Vue.js 项目的开发中，通过模板即可创建 HTML 文档，如使用前面章节中所学习的 template 元素定义 HTML 结构。但是在一些复杂的业务场景下，比如处理高度动态渲染逻辑的可重用组件，Vue.js 提供的渲染函数比模板更加灵活。本章将介绍 Vue.js 提供的渲染函数，来实现 HTML 文档的创建。

第 8 章　引言

本章要点

- 虚拟 DOM
- 创建 VNode
- 渲染函数
- JavaScript 替换模板功能

8.1 虚拟节点

浏览器成功加载 HTML 文档后，就开始解析 HTML 文档，构建 DOM 节点树。浏览器的渲染引擎根据 DOM 节点树和样式来构建渲染树，一旦 DOM 节点树和渲染树构建完成，浏览器就开始绘制页面元素。当原生 JavaScript 或者 jQuery 通过操作 DOM 来更新某个节点时，浏览器将从构建 DOM 节点树开始，从头到尾执行一遍页面的渲染流程，但是频繁操作 DOM 将会降低页面中的交互响应速度，影响用户体验。

使用传统方法来更新 DOM 节点比较低效，于是虚拟 DOM 应运而生，用来实现页面的高效更新。在 Vue.js 中，以虚拟节点（VNode）来表示真实的 DOM 节点，而虚拟 DOM 则是对整个虚拟节点树的称呼。

8.1.1 DOM 节点树

8.1.1 DOM 节点树

在页面的渲染流程中，根据 HTML 文档创建的 DOM 节点树决定了要渲染页面的内容和结构。以如下 HTML 代码片段为例，对应的 DOM 节点树如图 8-1 所示。

```
<div>
    <h1>我的标题</h1>
    这是一段文本
    <a href="#">单击跳转</a>
</div>
```

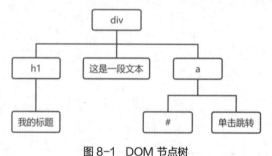

图 8-1　DOM 节点树

HTML 的每个元素均能转换成 DOM 节点，根据 HTML 结构，DOM 节点之间以父子关系建立联系，构成 DOM 节点树。

8.1.2 虚拟 DOM

8.1.2 虚拟 DOM

虚拟 DOM（VDOM）是由 React 框架率先提出的一种编程概念，目前被多个前端框架（Angular、Vue.js 等）以不同的方式应用于渲染系统。虚拟 DOM 提出，通过生成数据结构来表示页面内容，并存储于内存中，与真实的 DOM 保持同步。

在 Vue.js 中，采用了虚拟 DOM 概念，以虚拟节点来表示真实的 DOM 节点。虚拟节点是由 Vue.js 创建的 JavaScript 对象，包含真实 DOM 节点及其子节点的相关信息。比如，在一个 Vue.js 项目中，HTML 代码片段如下。

```
<div id="app">
    <a href="https://baidu.com">单击跳转</a>
    这是一段文本
</div>
```

Vue.js 根据该段 HTML 代码，构造出对应的虚拟节点，如下所示。

```
{
    tag: "div",  // 节点的标签名
    data: { attrs: { id: "app" } }, // 节点数据
    children: [    // 子节点数组，每个子节点也是虚拟节点
        {
            tag: 'a',
            data: { attrs: { href: 'https://baidu.com' } },
            children: [...],
        },
        {
            tag: undefined,
            text: '\n 这是一段文本\n',
            children: undefined,
            ...
        }
    ],
    ...
}
```

当真实的 DOM 节点包含子节点时，对应虚拟节点的 children 属性值是一个数组，由多个虚拟节点构成。children 属性描述了真实 DOM 节点之间的层级关系，因此多个虚拟节点构建了一棵虚拟 DOM 节点树。

Vue.js 项目在运行时，渲染器会根据虚拟 DOM 节点树来构建真实的 DOM 节点树。当开发者使用如 v-if、v-model、v-show 等指令来更新页面内容时，将会触发虚拟 DOM 节点树的变化，而这些变化将会应用于真实的 DOM 节点树。所以在开发 Vue.js 项目时，开发者无须手动操作真实 DOM。

8.1.3 创建 VNode

开发者使用 Vue.js 提供的 h 函数，可手动创建虚拟节点。h 函数可接收 3 个参数：节点类型 type、节点属性 props、子节点 children。其语法格式如下。

```
Vue.h(type, props, children);
```

第一个参数 type 为必填参数，指定了节点的类型。type 参数的值一般为 HTML 标签名，如 div、a、p 等。

8.1.3 创建 VNode

第二个参数 props 为选填参数，是一个对象，用于配置节点的多个属性，比如 class（样式名）、style（行内样式）、onClick（单击事件）等，示例代码如下。

```
{
    id: 'box',
```

```
    class: 'box',
    style: {
        width: '100px',
        height: '100px',
        backgroundColor: 'red'
    },
    onClick: function () {
        alert('hello world');
    }
}
```

第三个参数 children 为选填参数，用于设置子节点。当子节点是一段文本时，children 的值为字符串；若包含多个子节点，则 children 的值为数组，由所有子节点的值构成，数组元素的值可以为字符串，也可以为虚拟节点。示例代码如下所示：

```
// 节点的子节点为文本
var vnode1 = Vue.h('a', { href: 'https://baidu.com' }, '链接可单击');
// 节点包含两个子节点：文本节点（这是一段话）、虚拟节点（vnode1）
var vnode2 = Vue.h('div', {}, ['这是一段话', vnode1]);
```

根据 HTML 代码，调用 Vue.h 函数来创建对应的虚拟节点。具体案例如下。

案例 8-1

【**案例 8-1**】根据 HTML 代码，创建虚拟节点。

（1）HTML 代码如下。

```
01    <div id="app">
02        <p style="color:red">这是一段话</p>
03        <a href="https://baidu.com">这是一个链接</a>
04    <button onClick="alert('你好')">这是一个按钮</button>
05    </div>
```

（2）使用 Vue.h 函数创建与之对应的虚拟节点，JavaScript 代码如下。

```
01    var pVnode = Vue.h('p', {
02        style: { color: 'red' }
03    }, '这是一段话');
04
05    var aVnode = Vue.h('a', {
06        href: 'https://baidu.com'
07    }, '这是一个链接');
08
09    var buttonVnode = Vue.h('button', {
10        onClick: function() {
11            alert('你好')
12        }
13    }, '这是一个按钮');
14
15    var divVnode = Vue.h('div', {
16        id: 'app'
17    }, [pVnode, aVnode, buttonVnode]);
```

【**代码说明**】

Vue.h 函数的第 01 行~03 行代码创建了 p 元素对应的虚拟节点，与 HTML 代码的第 02 行对应。

Vue.h 函数的第 05 行~07 行代码创建了 a 元素对应的虚拟节点，与 HTML 代码的第 03 行对应。

Vue.h 函数的第 09 行～13 行代码创建了 button 元素对应的虚拟节点，与 HTML 代码的第 04 行对应。

Vue.h 函数的第 15 行～17 行代码为将前面创建的虚拟节点组成一个数组，作为参数传递给 Vue.h，创建了 div 元素对应的虚拟节点，与 HTML 代码的第 01 行～05 行对应。

8.2 渲染方法

使用渲染方法创建 HTML 代码，可通过声明渲染方法 render 来代替 template 设置需要展示的内容，示例代码如下。

```
app.component('user', {
    render: function() {
        return 'hello';
    }
});
```

8.2 渲染方法

渲染方法 render 还可返回数组，数组包含多个需要展示的内容，示例代码如下。

```
app.component('user', {
    render: function () {
        return ['hello', 'world'];
    }
});
```

render 方法除了能够返回字符串和数组，还能返回由 Vue.h 创建的虚拟节点，示例代码如下。

```
app.component('user', {
    render: function () {
        var aVNode = Vue.h('a', { href: 'https://baidu.com' }, '链接可单击');
        return aVNode;
    }
});
```

通过 h 函数创建虚拟节点，并结合渲染函数 render，可实现通过配置的方式创建组件的 HTML 代码。具体案例如下。

案例 8-2

【案例 8-2】商品购买数量。

（1）通过 Vue.js 提供的 createApp 函数创建应用，代码如下。

```
01    var app = Vue.createApp({
02        data: function () {
03            return {
04                // 商品列表
05                fruits: [{
06                    id: 1, // 商品 id，具有唯一性
07                    goodsName: "苹果", // 商品名称
08                    count: 1,  // 商品个数
09                    unit: "斤"  // 单位
10                }, {
11                    id: 2,
12                    goodsName: "香蕉",
13                    count: 2,
14                    unit: "斤"
```

```
15              }, {
16                  id: 3,
17                  goodsName: "西瓜",
18                  count: 1,
19                  unit: "斤"
20              }]
21          }
22      },
23      methods: {
24          // 更新商品的数量
25          updateCount: function (id, isAdd) {
26              // 根据第一个参数 id 获取目标商品的信息
27            var targetFruit = this.fruits.find(function (item, idx) {
28                  return item.id === id;
29              });
30
31              if (!targetFruit) {
32                  return;
33              }
34
35              // 当前商品的数量
36              const count = targetFruit.count;
37              // 根据第二个参数 isAdd，判断增加或者减少商品数量
38              var nextCount = isAdd ? count + 1 : count - 1;
39
40              // 如果更新后的商品数量小于或者等于 0，则提示"数量低于范围"
41              if (nextCount <= 0) {
42                  alert("数量低于范围");
43
44                  return;
45              }
46
47              // 更新目标商品的数量
48              targetFruit.count = nextCount;
49
50              // 更新商品列表
51              this.fruits = this.fruits.map(function (item) {
52                  if (item.id === id) {
53                      return targetFruit;
54                  }
55
56                  return item;
57              })
58          }
59      }
60  });
61
62  app.mount('#app');
```

【代码说明】

第 05 行～20 行代码定义了商品列表 fruits。

第 25 行～57 行代码定义了 updateCount 方法，该方法接收两个参数：id（商品 id）、isAdd（布尔值，用于判断商品数量是否增减）。updateCount 方法根据参数 id，从商品列表 fruits 中找到需要修改商品数量（count 字段）的目标商品，而当参数 isAdd 为 true 时，则对目标商品的数量进行加 1 操作，反之减 1。如果商品数量小于或者等于 0，则需要提示"数量低于范围"，且不对商品的数量进行更新。当商品数量更新后，需要更新变量 fruits 中目标商品的数据。

（2）注册组件 count-update，实现商品数量的更新操作，代码如下。

```
01    app.component('count-update', {
02      props: ['id', 'count', 'update'],
03      methods: {
04        add: function () {
05          this.$emit('update', this.id, true)
06        },
07        reduce: function () {
08          this.$emit('update', this.id, false)
09        }
10      },
11      render: function () {
12        var addBtnVn = Vue.h('a', { class: 'btn', onClick: this.add }, '+');
13        var reduceBtnVn = Vue.h('a', { class: 'btn', onClick: this.reduce },
'-');
14        var countVn = Vue.h('span', { class: 'btn countTxt' }, this.count);
15
16        return Vue.h(
17          'div',
18          { style: { paddingLeft: '20px' } },
19          [reduceBtnVn, countVn, addBtnVn]
20        );
21      }
22    });
```

【代码说明】

第 02 行代码表明组件 count-update 接收 3 个参数：id（商品 id）、count（商品数量）、update（更新方法）。

第 04 行～06 行代码定义了方法 add，该方法调用了 this.$emit（"update"），触发父组件传递的 update 方法，并为该方法传递了两个参数（商品 id、布尔值 true）。

第 07 行～09 行代码定义了方法 reduce，该方法调用了 this.$emit（"update"），触发父组件传递的 update 方法，并为该方法传递了两个参数（商品 id、布尔值 false）。

第 11 行～21 行代码声明了渲染方法 render。其中第 12 行～14 行代码通过 Vue.h 创建了 addBtnVn、reduceBtnVn、countVn 这 3 个 VNode。addBtnVn 和 reduceBtnVn 分别是用于添加和减少商品数量的按钮，两个按钮在 h 函数的第二个参数中设置了 onClick 属性，若单击添加、减少按钮，则触发第 04 和 07 行代码中定义的 add 和 reduce 方法。

（3）遍历在 app 实例中定义的 fruits，并结合 count-update 组件，渲染商品数量，代码如下。

```
01    <div id='app'>
02      <ul>
03        <li v-for='item in fruits'>
```

```
04                <div>
05                    {{ item.goodsName }}
06                    <span class='unit'>({{ item.unit }})</span>:
07                </div>
08        <count-update :count='item.count' @update='updateCount' :id='item.id'>
09                </count-update>
10            </li>
11        </ul>
12    </div>
```

【代码说明】

第 03 行～10 行代码通过 v-for 指令遍历 fruits 变量，展示商品的名称、单位。

第 08 行和 09 行代码为插入 count-update 组件，对商品数量进行添加或减少操作。根据 count-update 组件的接口要求，需要向该组件传递商品 id、商品数量 count、更新商品的方法 updateCount。

至此，购物车商品购买数量的逻辑代码已经完成，相关的样式文件可参考本书附带的电子资料，此处不再详细说明。

运行结果如图 8-2 所示。

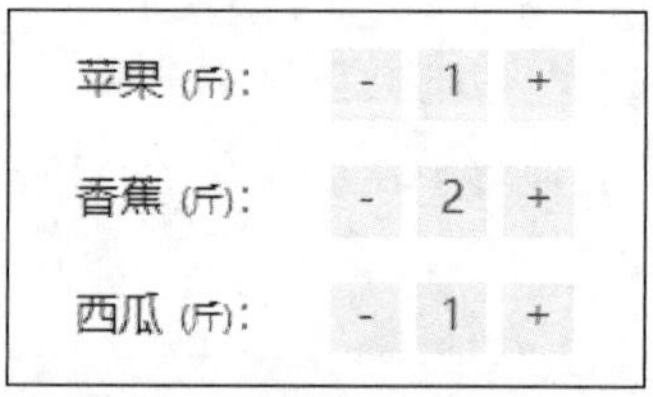

图 8-2　商品购买数量

8.3　JavaScript 代码代替模板功能

使用渲染函数 render 代替 template 模板需要通过编写 JavaScript 代码来实现，此时原先在模板上使用的功能无法在渲染函数中使用。

8.3.1　v-if 和 v-for

在模板中，v-if 和 v-for 指令为常用指令。v-if 指令用于条件渲染，当指令表达式为 true 时才会渲染指定内容；v-for 指令用于根据数组类型的数据来渲染列表。当使用渲染函数代替模板时，可通过 JavaScript 代码代替 v-if 和 v-for 指令，达到同样的效果。具体案例如下。

【案例 8-3】商品列表展示。

案例 8-3

```
00    <!DOCTYPE html>
01    <html lang='en'>
02
03    <head>
04        <meta charset='UTF-8'>
05    <meta http-equiv='X-UA-Compatible' content='IE=edge'>
06    <meta name='viewport' content='width=device-width, initial-scale=1.0'>
```

```
07        <title>Document</title>
08        <script src="https://unpkg.com/vue@3"></script>
09    </head>
10
11    <body>
12        <div id='app'>
13            <goods-list :list='goodsList'></goods-list>
14        </div>
15        <script>
16            var { h } = Vue;
17
18            var app = Vue.createApp({
19                data: function () {
20                    return {
21                        goodsList: [
22                            { id: 0, goodsName: '荣耀' },
23                            { id: 1, goodsName: '小米' }
24                        ]
25                    }
26                }
27            });
28
29            app.component('goods-list', {
30                props: ['list'],
31                render: function () {
32                    if (this.list.length === 0) {
33                        return h('p', '这里空空如也');
34                    }
35
36                    var vNodes = this.list.map(function (item) {
37                        return h('li', { key: item.id }, item.goodsName);
38                    });
39
40                    return h('ul', vNodes);
41                }
42            });
43
44            app.mount('#app');
45        </script>
46    </body>
47
48    </html>
```

【代码说明】

第 21 行～24 行代码定义了商品列表 goodsList。

第 29 行～42 行代码创建了 goods-list 组件。其中，第 30 行代码声明了该组件接收 list（父组件传递的商品列表）属性；第 31 行～41 行代码使用 render 函数结合 h 函数（创建虚拟节点）来渲染组件内容。

第 32 行～38 行代码使用 if 选择语句进行逻辑判断，当商品列表为空时，则返回"这里空空如

171

也"，反之则展示列表数据。此处的 if 代替了模板中的 v-if 指令，通过 JavaScript 代码判断条件，返回指定的内容。

第 36 行～38 行代码调用 list（数据类型）的 map 方法，对列表进行遍历，并根据列表的数据元素，创建虚拟节点。第 36 行代码的 vNodes 的值为 map 函数运行后得到的数组，每一个元素都是一个虚拟节点。此处的 map 代替了模板中的 v-for 指令，通过 JavaScript 代码遍历数组并创建了虚拟节点。

当商品列表不为空时，运行结果如图 8-3 所示。

- 荣耀
- 小米

图 8-3　商品列表展示

当商品列表为空时，运行结果如图 8-4 所示。

这里空空如也

图 8-4　商品列表为空

8.3.2　v-model

在 Vue.js 中处理表单时，常常需要通过 v-model 指令将表单中不同类型的输入（单行文本、多行文本、复选框、单选按钮、选择器）同步给 JavaScript 中相应的变量，实现数据的双向绑定。如果使用的是渲染函数而非模板，那么如何结合 v-model 来实现数据的双向绑定呢？根据 Vue.js 官方文档，其固定格式如下所示。

```
{
    props: ['modelValue'],
    emits: ['update:modelValue'],
    render(props, { emit }) {
        return h(SomeComponent, {
            modelValue: props.modelValue,
            'onUpdate:modelValue': (value) => emit('update:modelValue', value)
        })
    }
}
```

通过 render 结合 v-model 可实现组件双向的数据绑定，具体案例如下。

【案例 8-4】图书查找。

案例 8-4

```
00    <!DOCTYPE html>
01    <html lang="en">
02
03    <head>
04      <meta charset="UTF-8">
```

```html
05      <meta http-equiv="X-UA-Compatible" content="IE=edge">
06      <meta name="viewport" content="width=device-width, initial-scale=1.0">
07      <title>v-model</title>
08      <script src="https://unpkg.com/vue@3"></script>
09    </head>
10
11    <body>
12      <div id="app">
13        <search
14            v-model:name="bookName"
15            v-model:publisher="publisher"
16            :publisher-list="publisherList"
17        >
18        </search>
19        <p>输入的图书名称: {{ bookName }}</p>
20        <p>选择的出版社: {{ publisher }}</p>
21      </div>
22      <script>
23        var { h } = Vue;
24
25        var app = Vue.createApp({
26          data: function () {
27            return {
28              // 图书名称
29              bookName: "",
30              // 出版社
31              publisher: "",
32              // 出版社列表
33              publisherList: [{
34                id: 0,
35                name: "高等教育出版社"
36              }, {
37                id: 1,
38                name: "机械工业出版社"
39              }, {
40                id: 2,
41                name: "人民邮电出版社"
42              }],
43            }
44          },
45        });
46
47        app.component('search', {
48          props: ["name", "publisher", "publisherList"],
49          emits: ["update:name", "update:publisher"],
50          render() {
51            var self = this;
52            // 图书名称文本框
53            var bookNameNode = h("input", {
```

```
54            placeholder: "请输入图书名称",
55            style: { marginRight: "20px", marginLeft: "10px" },
56            value: this.name,
57            oninput: function ($event) {
58              self.$emit("update:name", $event.target.value);
59            }
60          });
61
62          // 出版社选择框
63          var publisherNode = h("select", {
64            style: { width: "120px", marginLeft: "10px" },
65            value: this.publisher,
66            onchange: function ($event) {
67              self.$emit("update:publisher", $event.target.value);
68            }
69          }, this.publisherList.map(function (item) {
70            return h("option", { value: item.name, key: item.id }, item.name);
71          }));
72
73          return h(
74            "div",
75            [
76              h(
77                "div",
78                { style: { display: "inline-block" } },
79                [ "图书名称", bookNameNode]
80              ),
81              h(
82                "div",
83                { style: { display: "inline-block" } },
84                ["出版社", publisherNode]
85              )
86            ]
87          );
88        }
89      });
90
91      app.mount("#app");
92
93    </script>
94  </body>
95</html>
```

【代码说明】

第 14 行、15 行代码通过 v-model 属性，在组件 search 上实现 name（图书名称）、publisher（出版社）字段的双向数据绑定。

第 19 行、20 行代码展示了用户输入的图书名称和选择的出版社。

第 47 行～89 行代码创建了 search 组件。其中，第 50 行～88 行代码使用了 render 函数结合 h 函数来渲染组件内容。

第 53 行～60 行代码通过 h 函数创建了图书名称文本框的虚拟节点，其节点类型为 input。其中，第 56 行～59 行代码声明了文本框虚拟节点的 value 属性和 oninput 事件，结合第 49 行代码 emits 数组元素 update:name，使得 search 组件中的文本框和父组件实现双向数据绑定。

第 63 行～71 行代码通过 h 函数创建了出版社选择框的虚拟节点，其节点类型为 select。其中，第 65 行～68 行代码声明了选择框虚拟节点的 value 属性和 onchange 事件，结合第 49 行代码 emits 数组元素 update:publisher，使得 search 组件中的选择框和父组件实现双向数据绑定。

运行结果如图 8-5 所示。

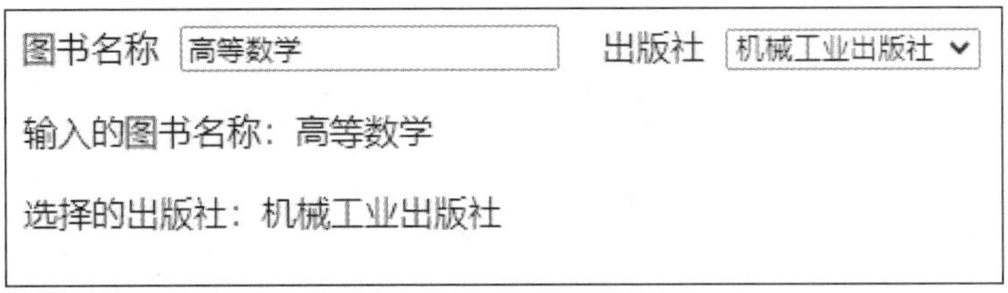

图 8-5　图书查找

8.3.3　slots

在模板中，slot 元素作为承载内容分发的出口。而在渲染函数中，通过 this.$slots 来访问静态插槽的内容，每个插槽都是一个由虚拟节点构成的数组。具体案例如下。

【案例 8-5】页面布局。

案例 8-5

```
00  <!DOCTYPE html>
01  <html lang="en">
02
03  <head>
04   <meta charset="UTF-8">
05   <meta http-equiv="X-UA-Compatible" content="IE=edge">
06   <meta name="viewport" content="width=device-width, initial-scale=1.0">
07   <title>slots</title>
08   <style>
09     html, body, #app {
10         width: 100%;
11         height: 100%;
12         padding: 0;
13         margin: 0;
14     }
15
16     .wrap {
17         height: 100%;
18         position: relative
19     }
20
21     .header {
22         height: 64px;
23         background-color: yellow;
```

```
24        }
25
26      .container {
27          position: absolute;
28          top: 64px;
29          left: 0px;
30          right: 0px;
31          bottom: 0px;
32      }
33      .sidebar {
34          float: left;
35          width: 120px;
36          height: 100%;
37          background-color: blue;
38      }
39
40      .main {
41          margin-left: 120px;
42          height: 100%;
43          background-color: red;
44      }
45    </style>
46    <script src="https://unpkg.com/vue@3"></script>
47  </head>
48
49  <body>
50    <div id="app">
51      <base-layout>
52        <template v-slot:header>
53          <div>这是页面的头部</div>
54        </template>
55        <template v-slot:sideBar>
56          <div>这是页面的侧边栏</div>
57        </template>
58        <template v-slot:main>
59          <div>这是页面的主要内容</div>
60        </template>
61      </base-layout>
62    </div>
63    <script>
64      var h = Vue.h;
65      var app = Vue.createApp({ });
66
67      app.component('base-layout', {
68        render: function() {
69          return Vue.h('div', { class: "wrap"}, [
70            h("div", {class: "header" }, this.$slots.header()),
71            h("div", { class: "container" }, [
72              h("div", { class: "sidebar" }, this.$slots.sidebar()),
73              h("div", { class: "main" }, this.$slots.main())
74            ])
```

```
75          ])
76      }
77     })
78
79     app.mount('#app');
80    </script>
81  </body>
82  </html>
```

【代码说明】

第 70 行代码中，this.$slots.header 访问了名称为 header 的插槽，并将其作为参数传递给 h 函数，从而创建了类名为 header 的 div。同理，第 72 行和 73 行代码通过 this.$slots 访问了插槽，将插槽作为参数传递给 h 函数，并创建了虚拟节点。

运行结果如图 8-6 所示。

图 8-6　页面布局

本章小结

本章先介绍了 Vue.js 采用的虚拟节点、虚拟 DOM，使得开发者无须手动操作真实的 DOM 也可更新页面，提高了页面的渲染性能。其中，虚拟节点可通过 Vue.js 提供的 h 函数来创建。接着，介绍了用渲染函数 render 来代替 template 创建 HTML 代码，创建的虚拟节点可以通过 render 函数进行渲染。最后，介绍了如何用 JavaScript 代码代替模板功能，如通过 JavaScript 代码实现 v-if、v-for、v-model、slots 等指令的功能。

习　题

8-1　什么是虚拟 DOM，为什么需要虚拟 DOM？

8-2　举例说明如何创建虚拟节点。

8-3　使用虚拟 DOM、渲染函数，实现图 8-7 所示的表格。

姓名	性别	年级	电话
张三	男	2021级	178****9865
李四	男	2021级	178****4865
王五	男	2021级	178****0065
李华	女	2021级	178****0065

图 8-7　表格渲染

8-4　使用虚拟 DOM、渲染函数，实现图 8-8 所示的选项卡切换效果。

图 8-8　选项卡切换

实战篇

第9章

"待办事项"项目

09

本章导读

在前面章节的学习中，我们通过向 HTML 文档中插入<script>标签并引入 Vue.js，进行了简单的前端开发，但这种传统的开发模式并不适用于复杂的前端项目。于是 Vue.js 官方提供了脚手架，通过构建式的方式，帮助开发者快速搭建 Vue.js 项目，提高开发效率。本章将介绍如何搭建 Vue.js 项目的开发环境，以及使用脚手架创建构建式的 Vue.js 项目，并完成"待办事项"项目。

本章要点

- Node.js 环境的安装
- Vue CLI 5.x 的安装和使用
- 创建 Vue.js 项目的两种方式
- vue.config.js 文件的配置
- "待办事项"项目的开发

9.1 Vue.js 开发环境

若要使用脚手架快速搭建 Vue.js 项目，或者启动通过脚手架搭建的 Vue.js 项目，都需要确保 Node.js 环境已经安装成功。在 Node.js 环境下，通过 npm 包管理工具成功安装 Vue CLI 脚手架后，则可使用脚手架提供的命令来创建 Vue.js 项目。

9.1.1 Node.js 环境

9.1.1 Node.js 环境

Node.js 是一个 JavaScript 运行环境，为 JavaScript 开发提供了更多可能，使得开发者可以使用 JavaScript 创建各种服务器工具和应用程序，是前端开发中必不可少的基础设施。

通过浏览器访问 Node.js 官方网站，其首页如图 9-1 所示。该界面提供了两种可下载的 Node.js。其中的 LTS 为长期支持的 Node.js 版本，所包含的功能较为稳定，属于稳定版本；而 Current 则是当前发布的最新 Node.js 版本，包含最新的功能，平台会不定期对该版本进行更新优化或者 bug 修复。如果是开发企业级项目，一般选择 LTS 版本。如果想要尝试新的功能和特性，则可下载 Current 版本。

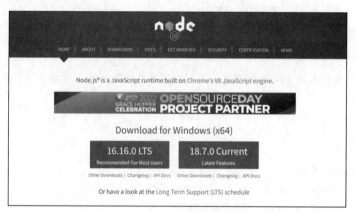

图 9-1 Node.js 官方网站首页

在本机上双击下载好的 Node.js 安装包，将会出现图 9-2 所示的安装界面，单击"Next"按钮进入下一步。在随后出现的安装提示界面中，一般无须修改默认配置，直接单击"Next"按钮进入即可。

在完成 Node.js 的安装后，需要检查 Node.js 是否成功安装在本机上。以 Windows 10 为例，打开命令行工具，输入查看 Node.js 版本的命令，若命令执行完成后输出 Node.js 的安装版本号，则说明本机已经成功安装了 Node.js。

查看 Node.js 版本命令如下。

```
node -v
```

执行了查看 Node.js 版本的命令后，运行结果如下。

```
C:\Users\dell>node -v
v16.16.0
```

该命令的执行结果显示当前安装的 Node.js 版本为 16.16.0。

图 9-2　Node.js 的安装界面

9.1.2　包管理工具

基于 Node.js 环境的前端项目，需要使用包管理工具 npm 对项目中的依赖包（也称"第三方模块"）进行下载和管理。npm 的常见使用场景有以下 3 种。

（1）允许用户从 npm 服务器上下载别人编写的第三方包到本地使用。

9.1.2　包管理工具

比如，使用 npm 命令从服务器上下载 Vue Router 至 Vue.js 项目中。

（2）允许用户从 npm 服务器上下载并安装别人编写的命令行程序到本地使用。

比如，使用 npm 命令从服务器上下载、安装 Vue.js 的 Vue CLI 脚手架至本机。

（3）允许用户将自己编写的包或命令行程序上传到 npm 服务器供别人使用。

比如，开发者自定义编写了一个类似 Vue Router 的包或者 Vue CLI 脚手架至 npm 服务器。

成功安装 Node.js 后，包管理工具 npm 随之安装成功。可在命令行工具上输入 npm 提供的命令来查看 npm 的版本号，命令如下。

```
npm -v
```

该命令的执行结果如下所示，显示当前 npm 的版本号为 8.11.0。

```
C:\Users\dell>npm -v
8.11.0
```

npm 包管理工具提供了多个命令，帮助开发者下载和管理包。常用命令如表 9-1 所示。

表 9-1　npm 包管理工具常用命令

命令	说明
npm init	初始化项目，生成 package.json 文件
npm install	安装依赖包，如 npm install <package_name>@<version>

续表

命令	说明
npm	根据 package.json 文件安装全部依赖包，也可使用 npm install
npm update	升级依赖包
npm uninstall	移除依赖包

事实上，npm 并不是唯一的包管理工具，新出现的 Yarn 也是一款 JavaScript 包管理工具，相比于 npm，Yarn 的优点主要表现在以下几个方面。

（1）并行安装，提高包的下载速度。npm 安装包时是串行安装，而 Yarn 安装包时是并行安装。

（2）支持离线安装。已经下载的包会被缓存，无须重复下载。

（3）安全。Yarn 在下载包前会检查签名和包的完整性。

（4）若下载失败会重新请求，避免安装过程失败。

Yarn 包管理工具可通过 npm 命令安装，其安装命令如下。

```
npm install yarn -g          // 全局安装 Yarn
```

同样，Yarn 包管理工具也提供了多个用于下载和管理包的命令，常用命令如表 9-2 所示。

表 9-2　Yarn 包管理工具常用命令

命令	说明
yarn init	初始化项目，生成 package.json 文件
yarn add	安装依赖包，如 yarn add　<package_name>@<version>
yarn	根据 package.json 文件安装全部依赖包，也可使用 yarn install
yarn upgrade	升级依赖包
yarn remove	移除依赖包

对于一个项目的开发，是选择 npm 还是 Yarn 来管理依赖包呢？在项目新建时，开发者可根据个人喜好选择包管理工具，比如通过 npm init 或者 yarn init 初始化项目，那么之后该项目的依赖包则可通过 npm 或者 Yarn 来进行安装；如果项目目录中存在 package-lock.json 文件，则说明该项目中的依赖包是通过 npm 来进行管理的，如果存在 yarn.lock 文件，则说明 Yarn 是该项目的包管理工具。

9.1.3　安装 Vue CLI 脚手架

9.1.3　安装 Vue CLI 脚手架

Vue CLI 是一个基于 Vue.js 的脚手架，将 Vue.js 生态中的工具基础标准化，提供项目规范和约定。该脚手架对 Babel、TypeScript、ESLint、PostCSS、PWA、单元测试和 End-to-End 测试提供"开箱即用"的支持，开发者无须纠结项目的配置问题，即可快速开展业务开发。

打开命令行工具，通过 npm 全局安装@vue/cli 脚手架，所安装的@vue/cli 版本号为 5.0.8，命令如下所示。

```
npm install @vue/cli@5.0.8 -g
```

在安装完成后，可通过该脚手架提供的命令来查看所安装 Vue CLI 的版本号，以此检测该脚手架是否安装成功，命令如下。

```
vue --version
```

执行了查看版本号的命令后，其运行结果如下所示，显示 Vue CLI 的版本号为 5.0.8。

```
C:\Users\dell>vue --version
@vue/cli 5.0.8
```

注意，Vue CLI 4.x 需要 Node.js 8.9 或更高版本（推荐 v10 以上）才会正常工作。

9.2 创建 Vue.js 项目

在 Vue CLI 安装完成后，便可使用脚手架创建 Vue.js 项目。该脚手架提供了两种方式用于创建 Vue.js 项目：命令行、图形化界面。

9.2.1 vue create 命令创建项目

打开命令行工具（命令提示符窗口或 Visual Studio Code 编辑器中的终端），使用"vue create"命令创建 Vue.js 项目。

创建一个名称为 hello 的项目，输入如下命令。

```
vue create hello
```

9.2.1 vue create 命令创建项目

输入创建命令并按下"Enter"键后，该命令的执行结果如下所示。

```
Vue CLI v5.0.8
? Please pick a preset: (Use arrow keys)
> Default ([Vue 3] babel, eslint)
  Default ([Vue 2] babel, eslint)
  Manually select features
```

从执行结果可知，Vue CLI 提示开发者选择 preset（预设），共有 3 个选项。前两个选项 Default 均是默认项，包含两个基本配置：babel（将 ECMAScript 2015+代码转换为 JavaScript 向后兼容版本的代码）、eslint（识别 ECMAScript/JavaScript 代码，报告模式匹配，保证代码的一致性和避免错误）。但是使用的 Vue.js 版本有所差别：Vue 3、Vue 2。最后一个选项 Manually select features 表示开发者可以手动选择特性，配置更加强大的项目功能。

使用键盘的上下键可在多个选项中随意切换，当切换到某个选项时，按下"Enter 键"则表示选择了该选项，Vue CLI 将会根据该选项进行下一步操作。

当用户选择手动选择特性后，将会出现如下选择提示。

```
? Check the features needed for your project: (Press <space> to select, <a> to
toggle all, <i> to
  invert selection, and <enter> to proceed)
>(*) Babel
 ( ) TypeScript
 ( ) Progressive Web App (PWA) Support
 ( ) Router
 ( ) Vuex
 ( ) CSS Pre-processors
 (*) Linter / Formatter
 ( ) Unit Testing
 ( ) E2E Testing
```

　　用户可根据需要选择多个配置特性。通过键盘的上下键在选项间进行切换。当切换到某个选项时，可通过空格键来选中或者取消选中该特性，若选项前有星号标注，则表示该特性被选中。如果想要全选或全不选，只需要在"A"键或者"I"键之间来回切换即可。

　　在选择完该项目所需要的配置特性后，按下"Enter"键，Vue CLI 将会基于这些配置特性，引导用户完成更加详细的配置。比如，当选择了 Router 配置项之后，将会请用户配置 Router 的模式（history 模式、hash 模式），提示如下所示，用户只需要输入"Y"或者"n"来告诉 Vue CLI 该项目是否使用 history 模式。

```
? Use history mode for router? (Requires proper server setup for index fallback in production) (Y/n)
```

　　在完成项目配置后，Vue CLI 脚手架将会根据配置自动创建项目文件夹、初始化项目、创建项目文件、安装依赖。

　　项目成功创建后，进入该项目的根目录下，启动项目。

```
cd hello         // 进入项目的根目录下
yarn serve       // 启动项目
```

　　项目启动命令执行成功后，将会启动一个本地服务，命令行中输出的部分执行结果如下所示。

```
App running at:
- Local:  http://localhost:8080
```

　　打开浏览器，访问 http://localhost:8080 即可访问该项目，该项目的初始化页面如图 9-3 所示。

图 9-3　Vue.js 项目的初始化页面

9.2.2　图形化界面创建项目

　　Vue CLI 脚手架还提供了一种创建 Vue.js 项目的方式：图形化界面。其创建项目的过程相对简单、直观，对初学者比较友好。

　　使用如下命令启动图形化界面创建项目。

9.2.2　图形化界面
创建项目

```
vue ui
```

该创建命令的执行结果如下所示，表示在本地启动一个服务。

```
Starting GUI...
Ready on http://localhost:8000
```

打开浏览器，访问启动的本地服务 http://localhost:8000，跳转到"Vue 项目管理器"页面，如图 9-4 所示。

图 9-4　Vue 项目管理器

"Vue 项目管理器"页面共有 3 个选项卡：项目、创建、导入。当"项目"选项卡被打开时，页面将展示 Vue.js 项目列表，列表中的项目都是通过图形化界面的方式创建的；切换到"创建"选项卡时，页面将会引导用户创建新的 Vue.js 项目；而在"导入"选项卡下，用户可从本地文件或远程的 GitHub 仓库导入项目，从而使用 Vue 项目管理器对导入的项目进行管理。

单击"创建"标签，单击该选项卡下的"在此创建新项目页面"，跳转至"创建新项目"页面，如图 9-5 所示。在该页面填写项目名、选择包管理器，初始化 git 仓库（选填），对于页面中的"更多选项"，可根据用户需要进行选择。

图 9-5　项目详情

填写好"详情"选项卡后，单击"下一步"按钮，跳转到"预设"选项卡，对应的页面如图 9-6 所示。

图 9-6　项目预设

　　"预设"选项卡中包含 4 个单选按钮。前两个选项包含默认配置 babel、eslint，但是 Vue.js 的版本号有所不同（Vue 3、Vue 2），可方便用户快速创建简单的项目；第三个选项允许用户根据需要手动配置项目，为项目添加更多的插件和库；最后一个选项允许用户从 git 仓库拉取预设。当选择"手动"单选按钮后，单击"下一步"按钮，跳转到"功能"选项卡，对应的页面如图 9-7 所示。

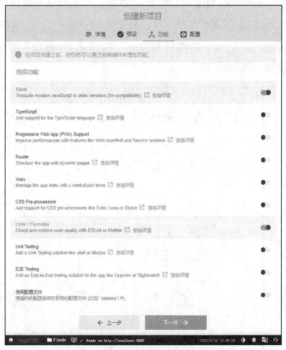

图 9-7　项目功能

　　"功能"选项卡中默认选中了 Babel、Linter/Formatter 两个插件，用户可以根据项目需要选择多个插件，比如选择 Router。在选中多个选项后，单击"下一步"按钮，跳转到"配置"选项卡，对应的页面如图 9-8 所示。

图 9-8　项目配置

根据项目需要完成配置后，单击"创建项目"按钮，将会弹出一个对话框，如图 9-9 所示，用于将此次的功能和配置保存为一套新的预设，方便之后创建项目时直接使用保存的这套预设。

图 9-9　保存预设

成功创建项目后，页面自动跳转到"项目仪表盘"页面，如图 9-10 所示。

图 9-10　"项目仪表盘"页面

在图 9-10 所示的页面中，用户可管理当前 Vue.js 项目的插件、依赖、配置。单击页面的"任务"，在"任务"页面中选中"serve"，页面如图 9-11 所示。

图 9-11　"任务"页面的 serve

在图 9-11 所示的页面中，单击"运行"按钮启动项目，然后单击"输出"按钮查看启动的进程，当输出的内容如图 9-12 所示时，提示用户已经成功启动项目，访问 http://localhost:8080 即可访问该项目的页面。

图 9-12　项目启动详情

注意，通过图形化界面创建的 Vue.js 项目，也可在命令行工具中通过项目的启动命令来启动项目。如何找到项目的启动命令，9.2.3 小节中将详细讲解。

9.2.3　项目文件结构

通过 Vue CLI 脚手架提供的图形化界面成功创建新项目后，项目目录下包含多个文件，如图 9-13 所示，项目目录说明如表 9-3 所示。

9.2.3　项目文件结构

图 9-13　项目目录

表 9-3　项目目录说明

目录	说明
node_modules	存放依赖模块
public	存放公共文件
src	存放源代码
.browserslistrc	目标浏览器和 Node.js 版本的配置文件
.eslintrc.js	ESLint 的配置文件
.gitignore	指定需要被忽略文件或文件夹的改动
babel.config.js	Babel 的配置文件
jsconfig.json	指定编译项目所需的根文件和编译器选项
package.json	项目配置文件
README.md	项目说明文档
vue.config.js	配置文件
yarn.lock	锁定依赖安装版本号

在脚手架创建的 Vue.js 项目中，用户需要了解 node_modules、src、package.json、vue.config.js 这几个文件，以此来了解项目的基础结构和运行机制。

1. node_modules

node_modules 是一个文件夹，用于存放项目所安装的依赖包。当用户提交项目至 git 仓库，或者将项目打包发给他人时，均可忽略该文件夹。

2. src

src 目录用于存放用户开发的业务代码，包含多个文件，具体如表 9-4 所示。

表 9-4　src 目录下的文件

目录	说明
assets	存放资源文件，如图片、CSS 样式文件
components	存放组件
router	存放路由配置文件
views	存放页面文件
App.vue	项目的根组件
main.js	项目的入口文件

用户可根据实际的开发需求，修改 src 目录下的各个文件，比如删除 components 目录下所有的组件后新增组件，修改 router 目录下的路由配置，修改 App.vue 中定义的根组件。一般情况下，无须修改 main.js 文件，倘若新添加的插件（比如 vuex）需要挂载在 Vue.js 实例上，则可对 main.js 文件进行修改。

3. package.json

package.json 文件记录了当前项目的安装包和一些配置信息（项目名称、版本号、安装的依赖等）。该文件的部分内容如下。

```
{
    "name": "hello",
    "version": "0.1.0",
    "private": true,
    "scripts": {
      "serve": "vue-cli-service serve",
      "build": "vue-cli-service build",
      "lint": "vue-cli-service lint"
    },
    "dependencies": {
      "core-js": "^3.8.3",
      "vue": "^3.2.13",
      "vue-router": "^4.0.3"
    },
    "devDependencies": {
      "@babel/core": "^7.12.16",
      "@babel/eslint-parser": "^7.12.16",
      "@vue/cli-plugin-babel": "~5.0.0",
      "@vue/cli-plugin-eslint": "~5.0.0",
      "@vue/cli-plugin-router": "~5.0.0",
      "@vue/cli-service": "~5.0.0",
      "eslint": "^7.32.0",
      "eslint-plugin-vue": "^8.0.3"
    },
    ...
}
```

package.json 文件中的 scripts 字段定义了一组可以运行的脚本，项目的运行命令、打包命令、代码风格检查命令均可在该字段中定义。比如，定义了"serve"命令，并执行了"vue-cli-service serve"脚本，于是用户可以通过"yarn serve"或者"npm run serve"命令来启动项目；而"build"命令执行的脚本是"vue-cli-service build"，会在 dist 目录中产生一个可用于生产环境的包，包含经过压缩的JS/CSS/HTML 文件。所以，无论 Vue CLI 通过哪种方式创建项目，均可从 package.json 文件中找到项目的启动命令。

package.json 文件中的 dependencies 字段记录了项目所依赖的安装包。若某些依赖包在开发时和项目上线之后都需要用到，则将这些包记录到 dependencies 字段中。比如项目的业务开发需要用到时间格式化的插件 moment.js，可在安装命令后添加"--save"，如下所示。

```
yarn add moment --save        // 使用 Yarn 安装
npm install moment --save      // 使用 npm 安装
```

安装命令执行完成后，dependencies 字段将会自动新增一条关于 moment 的记录。

package.json 文件中的 devDependencies 字段记录了开发阶段所依赖的安装包。如果某些包只在项目开发阶段派上用场，在项目上线之后并不会被使用，则可将这些包记录到 devDependencies 字段中。比如 ESlint 插件，主要用于代码开发和提交时做代码风格检查，可在安装命令后添加"-D"，如下所示。

```
yarn add eslint -D        // 使用 Yarn 安装
npm install eslint -D      // 使用 npm 安装
```

安装命令执行完成后，devDependencies 字段将会自动新增一条关于 eslint 的记录。

正是因为 dependencies 和 devDependencies 的存在，成员在开发同一个项目的时候，无须将 node_modules 中的内容进行共享，共享 package.json 文件便可保证项目需要安装的依赖信息被共享。

4. vue.config.js

vue.config.js 是一个可选的配置文件，该文件需要导出一个对象，其格式如下。

```
module.exports = {
    // 配置信息
    outputDir: "/",          // 项目构建的输出目录，默认为 dist
    lintOnSave: true,        // 是否开启 ESLint 检查，true 为开启
    devServer: {...},        // webpack-dev-server 的配置信息
    ...
}
```

vue.config.js 文件还有更多可选的配置，用户可根据项目需求，结合官方提供的文档，对该文件进行配置。

9.3　项目功能开发

通过前面的学习，读者已经熟练掌握了前端框架 Vue.js 的使用，并且能够使用官方提供的脚手架创建 Vue.js 项目。本节将运用 Vue.js、Vue CLI 完成简易版"待办事项"项目的开发。

9.3.1　项目分析

本节介绍的"待办事项"项目只有一个页面，主要涉及对待办事项的展示、添加、删除、状态修改、筛选、本地存储等功能，如图 9-14 所示。

9.3.1　项目分析

图 9-14　待办事项

1. 待办事项的新增

顶部的文本框在输入待办事项后，通过按下"Enter"键即可向待办事项列表中添加这条记录。但是需要对输入文字的字符数进行校验：用户在输入文字时，如果字符数超过 50 个，则在文本框下方显示"最多输入 50 个字符哟!!!"，如图 9-15 所示。

2. 待办事项的状态修改

待办事项的状态有"未完成""已完成"。在页面中间的待办事项列表中，单击某条事项前面的

选择框，则可切换该条事项的状态。若选择框为选中状态，则标志着该条待办事项处于"已完成"状态，并且该条事项的文本被一条横线穿过，进一步向用户传达该事项的状态。

图 9-15　输入字符数超过指定长度

3. 待办事项的筛选

在页面的底部有 3 个选项卡（包含全部、未完成、已完成），用于筛选出需要展示的待办事项列表，单击"全部"选项卡，则页面展示所有的待办事项，单击"未完成"或者"已完成"选项卡，则页面展示对应状态的待办事项列表。

4. 待办事项的删除

在待办事项列表中，将鼠标指针放到某一条待办事项上，其文本后出现可单击的"删除"文字，单击"删除"，即可从列表中删除该条记录，如图 9-16 所示。

图 9-16　可单击的"删除"

5. 待办事项的本地存储

全部待办事项需要持久化存储在本地，当重新打开页面时，能够加载已经创建的待办事项。浏览器提供的 localStorage 可满足需求，只要不主动清空数据，数据就不会消失。

9.3.2　初始化项目

通过 Vue CLI 提供的命令创建名称为 todos 的 Vue.js 项目，如下所示。

```
vue create todos
```

选择 Vue.js 版本号为 3.0 的默认预设。

```
Vue CLI v5.0.8
? Please pick a preset: (Use arrow keys)
```

```
> Default ([Vue 3] babel, eslint)
  Default ([Vue 2] babel, eslint)
  Manually select features
```

在项目创建完成后，通过命令启动项目，如下所示。

```
yarn run serve
```

成功启动项目后，通过浏览器访问 http://localhost:8080，查看该初始化项目的页面效果。

在正式开发前，可删除和修改初始化项目中的部分文件。清空 src/components 目录下定义组件的文件，删除与项目无关的组件，保持项目目录的整洁、规范。然后修改定义根组件的文件 src/App.vue，保留定义一个组件的基本结构，修改后的结果如下。

```
<template>
    <div>hello</div>
</template>

<script>
</script>

<style>
</style>
```

定义一个 Vue.js 组件的文件需要包含 3 个标签：<template>、<script>、<style>。可在<template>标签中编写组件的 HTML 代码，在<script>标签中插入 JavaScript 代码，比如引入组件、配置组件等 JavaScript 逻辑代码，<style>标签则用于编写样式。

9.3.3 代码实现

1. 新增待办事项组件

在 src 文件夹内的 components 目录下创建单页面组件文件 TodoHeader.vue，用于新增待办事项，代码如下。

9.3.3 新增待办事项组件

```
01    <template>
02     <div class="hdContainer">
03      <h1 class="hdTitle">待办事项</h1>
04      <input
05        autofocus
06        placeholder="请输入您的待办事项，按下回车后即可添加哟"
07        class="newTodo"
08        v-model="newTodo"
09        @keyup.enter="addNewTodo"
10      />
11      <p class="hdMsg" v-show="isShowMsg">
12         最多输入{{countLimit}}个字符哟!!!
13      </p>
14     </div>
15    </template>
16
17    <script>
18     const WORD_COUNT_LIMIT = 50;
19
```

```
20    export default {
21      props: ['addTodo'],
22      data: function() {
23        return {
24          newTodo: '',
25          countLimit: WORD_COUNT_LIMIT
26        }
27      },
28      computed: {
29        isShowMsg() {
30          const tempNewTodo = this.newTodo || '';
31
32          tempNewTodo.trim();
33
34          return tempNewTodo.length > WORD_COUNT_LIMIT;
35        }
36      },
37      methods: {
38        addNewTodo() {
39          var tempNewTodo = this.newTodo || '';
40
41          tempNewTodo.trim();
42
43          if (!tempNewTodo || tempNewTodo.length > WORD_COUNT_LIMIT) {
44            return;
45          }
46
47          this.newTodo = '';
48          this.$emit('addTodo', tempNewTodo);
49        }
50      }
51    }
52  </script>
53
54  <style scoped>
55  .hdContainer {
56    text-align: center;
57    font-size: 16px;
58  }
59
60  .hdTitle {
61    color: #4e6ef2;
62  }
63
64  .newTodo {
65    width: 100%;
66    padding: 20px 20px;
67    border: none;
68    border-radius: 10px;
69    font-size: 16px;
70    box-sizing: border-box;
71  }
72
73  .newTodo:focus {
```

```
74      outline-color: #4e6ef2;
75    }
76
77    .hdMsg {
78      color: red;
79      margin: 10px 0;
80    }
81    </style>
```

【代码说明】

第 01 行~15 行代码在 template 元素中定义该组件的 HTML 结构。

第 17 行~52 行代码在 script 元素中编写了该组件的逻辑代码。

第 54 行~81 行代码在 style 元素中编写了该组件的样式。style 元素上添加了 scoped 属性，表示定义的 CSS 样式只能作用于当前文件定义的组件，避免产生样式冲突。

第 18 行代码定义了 WORD_COUNT_LIMIT 变量，其值为可输入的最多字符数限制。

第 20 行代码通过 export default 将组件的配置对象暴露出去，这是固定的写法，当该组件没有配置时，可省去"export default"。

第 24 行代码定义了数据 newTodo，newTodo 与第 08 行代码的 v-model 配合，实现输入文本数据的双向绑定。

第 25 行代码定义了数据 countLimit，countLimit 的值为 WORD_COUNT_LIMIT，设置了输入文本的限制字符数。

第 29 行代码通过 computed 计算属性 isShowMsg，当输入的文本发生变化时，该属性将被重新计算，该属性用于控制第 11 行代码中的 p 元素的可见性。

第 38 行代码定义了 addNewTodo 事件处理方法，用来处理文本框的回车事件。该方法对输入的字符串去除了前后空格，避免因前后空格而影响对字符数的判断，调用 this.$emit 将新增的待办事项内容传递给父组件，通过父组件在待办事项列表中新增该条待办事项记录。

2. 待办事项列表组件

在 src 文件夹内的 components 目录下创建单文件组件 TodoList.vue，实现待办事项列表的展示，完成单条待办事项的状态修改和删除，代码如下。

9.3.3　待办事项列表组件

```
01    <template>
02      <div class="tdContainer">
03        <ul v-if="todos.length" class="tdList">
04          <li v-for="item in todos" :key="item.id" class="tdItem">
05            <div class="tdItem-main">
06              <input type="checkbox" class="tdToggle" v-model="item.completed" />
07              <span
08                class="tdTxt"
09                :class="{ completed: item.completed }"
10              >
11                {{ item.txt }}
12              </span>
13            </div>
14            <div class="tdItem-acts">
15              <a @click="delHandler(item)">删除</a>
```

195

```
16              </div>
17            </li>
18          </ul>
19        </div>
20
21    </template>
22
23    <script>
24      export default {
25        props: ['todos', 'delTodo'],
26        methods: {
27          delHandler(todo) {
28            this.$emit('delTodo', todo);
29          }
30        }
31      }
32    </script>
33
34    <style>
35    .tdList {
36      list-style: none;
37      padding: 0;
38      text-align: left;
39      background-color: #fff;
40      border-radius: 10px;
41    }
42
43    .tdItem {
44      padding: 10px 20px 10px 10px;
45      border-bottom: 1px solid #ddd;
46      cursor: pointer;
47      display: flex;
48      justify-content: space-between;
49    }
50
51    .tdItem:last-child {
52      border-bottom: 0;
53    }
54
55    .tdToggle {
56      cursor: pointer;
57    }
58
59    .tdTxt {
60      padding-left: 10px;
61    }
62
63    .completed {
64      text-decoration: line-through;
65      color: #999;
66    }
67
68    .tdItem-acts {
69      display: none;
```

```
70      color: red;
71    }
72
73    .tdItem:hover .tdItem-acts {
74      display: block;
75    }
76  </style>
```

【代码说明】

第 03 行代码为根据待办事项列表 todos 的长度控制列表的可见性。

第 04 行代码通过 v-for 内置指令展示待办事项列表 todos。

第 06 行代码通过 v-model 内置指令动态绑定单条数据（待办事项）的 completed 属性（待办事项的完成状态）。

第 09 行代码为根据单条数据（待办事项）的 completed 属性，动态更新 span 元素的 class。

第 15 行代码为"删除"文字绑定事件处理函数，且向该函数传递参数，参数为该条待办事项的数据。

第 25 行代码表示该组件接收了从父组件传递的数据列表 todos，以及删除单条数据的方法 delTodo。

第 27 行～29 行代码定义了单击事件的处理方法 delHandler，该方法根据接收到的参数，通过 $emit 调用父组件传递的 delTodo 方法，完成单条待办事项的删除操作。

第 73 行～75 行代码通过样式控制，实现当鼠标指针悬停在某项待办事项时，可单击的"删除"文字出现。

3. 筛选待办事项组件

在 src 文件夹内的 components 目录下创建单文件组件 TodoFooter.vue，用于筛选需要展示的待办事项列表。该组件提供了 3 个筛选项，分别为全部、未完成、已完成，并且该组件需要展示当前筛选出的待办事项的总数。代码如下。

9.3.3 筛选待办事项组件

```
01  <template>
02    <div class="tdFooter">
03      <span>
04        总计: {{ count }}
05      </span>
06      <div class="tdTabs">
07        <a :class="{ active: tabType === 0 }" @click="tabClick(0)">全部</a>
08        <a :class="{ active: tabType === 1 }" @click="tabClick(1)">未完成</a>
09        <a :class="{ active: tabType === 2 }" @click="tabClick(2)">已完成</a>
10      </div>
11    </div>
12  </template>
13
14  <script>
15  export default {
16    props: ['tabType', 'changeTabType', 'count'],
17    methods: {
18      tabClick(newTabType) {
```

```
19            this.$emit('changeTabType', newTabType);
20          }
21        }
22    }
23    </script>
24
25    <style>
26    .tdFooter {
27      background-color: #fff;
28      padding: 10px 20px;
29      margin: 20px 0;
30      display: flex;
31      justify-content: space-between;
32    }
33
34    .tdTabs a {
35      padding: 0 10px;
36      cursor: pointer;
37    }
38
39    .active {
40      color: #4e6ef2;
41    }
42    </style>
```

【代码说明】

第 07 行～09 行代码为根据 tabType（当前选中的标签）的值动态改变 3 个选项卡的样式，并且绑定单击事件。

第 16 行代码表示该组件接收了从父组件传递的 tabType、changeTabType（修改 tabType 的方法）、count（待办事项总数）。

第 18 行～20 行代码定义了事件处理方法 tabClick，该方法根据接收到的参数，通过$emit 调用父组件传递的 changeTabType 方法，使得当前被选中的标签激活高亮。

9.3.3　根组件

4. 根组件

在 src 文件夹内的 App.vue 是根组件文件，该文件引入 TodoHeader.vue、TodoList.vue、TodoFooter.vue 等 3 个组件文件，接着向 HTML 文件中插入对应的组件，且编写了待办事项列表数据的新增、删除、状态修改、本地存储、加载等逻辑代码。代码如下。

```
01    <template>
02      <div class="container">
03        <TodoHeader @addTodo="addTodo" />
04        <TodoList :todos="todoList" @delTodo="delTodo" />
05        <TodoFooter
06          :tabType="tabType"
07          @changeTabType="changeTabType"
08          :count="todoList.length"
09        />
10      </div>
11
12    </template>
13
```

```
14    <script>
15    import TodoHeader from './components/TodoHeader.vue';
16    import TodoList from './components/TodoList.vue';
17    import TodoFooter from './components/TodoFooter.vue';
18
19    const LOCAL_STORAGE_KEY = 'vue-todos';
20
21    export default {
22     name: 'App',
23     components: {
24       TodoHeader,
25       TodoList,
26       TodoFooter
27     },
28     data() {
29       return {
30         todos: JSON.parse(localStorage.getItem(LOCAL_STORAGE_KEY) || '[]')
|| [],
31         tabType: 0,
32         id: 0
33       }
34     },
35     watch: {
36       todos: {
37         handler(todos) {
38           localStorage.setItem(LOCAL_STORAGE_KEY, JSON.stringify(todos))
39         },
40         deep: true
41       }
42     },
43     computed: {
44       todoList() {
45         const tabType = this.tabType;
46
47         if (tabType === 0) {
48           return this.todos;
49         }
50
51         return this.todos.filter(function (item) {
52
53           if (tabType === 1) {
54             return !item.completed;
55           }
56
57           return item.completed;
58         })
59       }
60     },
61     methods: {
62       addTodo(newTodo) {
63         this.todos.push({
64           id: +new Date(),
65           txt: newTodo,
66           completed: false
```

```
67          })
68        },
69        delTodo(todo) {
70          const todos = this.todos.filter(function (item) {
71            return item.id !== todo.id;
72          });
73
74          this.todos = todos;
75        },
76        changeTabType(type) {
77          this.tabType = type;
78        }
79      }
80    }
81  </script>
82
83  <style>
84  html,
85  body {
86    background-color: #f5f5f5;
87  }
88
89  #app {
90    font-family: Avenir, Helvetica, Arial, sans-serif;
91    -webkit-font-smoothing: antialiased;
92    -moz-osx-font-smoothing: grayscale;
93    text-align: center;
94    color: #2c3e50;
95    margin-top: 60px;
96  }
97
98  .container {
99    max-width: 980px;
100   min-height: 100%;
101   margin: 0 auto;
102  }
103 </style>
```

【代码说明】

第 15 行～17 行代码通过 import 分别引入 TodoHeader、TodoList、TodoFooter 这 3 个组件，在第 24 行～26 行代码中注册了这 3 个组件，第 03 行～09 行代码插入了这 3 个注册过的组件。

第 30 行代码中，localStorage 通过 LOCAL_STORAGE_KEY 加载本地存储的待办事项列表，并将加载到的列表数据赋值给 todos（存储所有的待办事项）。

第 31 行代码定义的 tabType 表示页面所展示的待办事项。如果其值为 0，则展示所有的待办事项；如果为 1，则展示未完成的待办事项；如果为 2，则展示已完成的待办事项。同时，在第 06 行代码中，tabType 值传递给了 TodoFooter 组件，与组件中的标签进行匹配，匹配正确的标签将会激活高亮。

第 36 行～41 行代码中，watch 侦听待办事项列表 todos，一旦 todos 发生变化，localStorage 将通过 LOCAL_STORAGE_KEY 的值更新本地存储的待办事项列表。

第 44 行~59 行代码中，computed 计算 todoList（页面展示的待办事项列表）。若 todos 或者 tabType 发生变化，将从 todos 中筛选出符合条件（根据 tabType 确定）的待办事项作为 todoList 的组成元素。在第 04 行代码中，todoList 数据传递给了 TodoList 组件。

第 62 行~68 行代码定义了方法 addTodo，接收的参数为新增的待办事项，该方法对新增的待办事项进行数据处理，并且将处理过后的数据添加到待办事项列表 todos 中。在第 03 行代码中，该方法传递给了 TodoHeader 组件。

第 69 行~75 行代码定义了方法 delTodo，接收的参数为单条待办事项的数据（对象），该方法根据接收到的参数，将对应的单条待办事项从待办事项列表 todos 中删除。在第 04 行代码中，该方法传递给了 TodoList 组件。

第 76 行~78 行代码定义了方法 changeTabType，接收的参数为当前选中的标签，该方法根据接收到的参数更新 tabType。在第 07 行代码中，该方法传递给了 TodoFooter 组件。

9.3.4 运行和打包

根据 package.json 文件中的 script 字段可知，执行如下命令，即可运行该项目。

```
yarn serve
```

开发完成的项目可通过执行命令进行打包，命令如下。

```
yarn build
```

打包后的文件存放在项目根目录下的 dist 目录下，如图 9-17 所示。

图 9-17　存放在 dist 目录下的打包文件

在浏览器中打开 dist 目录下的 index.html，即可访问该项目的页面。并且，打包后的文件可以部署到服务器中，用户通过网页即可访问该项目的页面。

本章小结

本章介绍了如何创建构建式的 Vue.js 项目，在确保安装了 Node.js、Vue CLI 脚手架后，使用 Vue.js 官方提供的脚手架，通过 vue create 命令或者图形化界面，创建构建式的 Vue.js 项目。构建式的 Vue.js 项目文件结构比较复杂，但理解了 node_modules、src、package.json、vue.config.js 等文件后，便可了解项目的目录结构和运行机制。在掌握构建式的 Vue.js 项目的搭建、目录结构、运行机制后，本章介绍了如何开发简易版"待办事项"项目，并且介绍了如何运行和打包该项目。

第10章

"大学生志愿者服务"项目

10

本章导读

经过前面章节的学习，读者应该已经掌握了 Vue.js 的基本使用方法，本章将进行综合项目实战。该项目使用了 Vue.js、Vue Router、Vant、Axios 等前端库，配合 Mock 服务获取页面数据，实现独立于后端的"大学生志愿者服务"项目开发。本章将介绍该项目的相关开发技术，以及一些关键的开发思路。

本章要点

- 基于 Vue 3 的 Vant 组件库
- 网络请求库 Axios
- Mock 数据

10.1 项目分析

本项目创建的是移动端的 HTML5 页面，用户进入首页后，根据首页提供的入口，进入个人信息、认领活动、爱心报表、服务纪实、我的服务等页面。本节将对项目进行分析，并对涉及的技术进行介绍。

10.1.1 项目展示

"大学生志愿者服务"的项目结构如图 10-1 所示。

10.1.1　项目展示

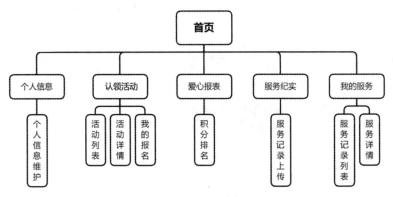

图 10-1　项目结构

该项目的页面如图 10-2～图 10-10 所示。

图 10-2　首页

图 10-3　个人信息维护

图 10-4　积分排名

图 10-5　活动列表

图 10-6　活动详情

图 10-7　我的报名

图 10-8　服务记录上传

图 10-9　服务记录列表

图 10-10　服务详情

10.1.2　技术方案

10.1.2　技术方案

本项目采用前、后端分离的开发模式，前端专注于数据展示和页面交互，后端则专注于业务数据逻辑处理，前、后端通过 API 实现数据的交互。在这种模式下的开发，前端和后端无法为彼此提供服务。为了顺利推进开发进度，前端一般采用 Mock 数据，模拟后端的接口服务，来完成页面的开发，待双方完成开发后再进行联调。

由于缺少后端资源，本项目主要完成前端开发工作，通过 Mock 服务构建接口，完成项目的开发、调试和自测。项目的技术选型如下。

（1）使用 Vue.js（3.0 版本）前端框架。

（2）使用 Vue CLI 脚手架搭建项目。

（3）使用基于 Vue 3 的 Vant 组件库开发页面。

（4）使用 Vue Router 实现单页面开发。

（5）使用 Axios 完成接口请求。

（6）使用 Mock 服务提供接口数据服务。

10.2 工程化项目搭建

10.2.1 创建项目

确认本机已安装 Node.js 和 Vue CLI 脚手架后，在目标文件夹下，使用命令行工具，创建项目。命令如下。

```
vue create student-vol
```

该命令执行完成后，则可根据项目需要来选择 preset。而本项目基于 Vue 3，且需 Vue Router 提供路由服务，默认选项无法满足，需要手动选择特性。用户根据提示操作，选择符合条件的 Vue.js 版本和 router 即可。

10.2.1 创建项目

在项目创建完成后，进入 student-vol 项目目录下，目录结构如下所示。

```
├── node_modules
├── public
├── src
├── .browserslistrc
├── .eslintrc
├── .eslintrc
├── .gitignore
├── babel.config.js
├── jsconfig.json
├── package.json
├── README.md
├── vue.config.js
├── yarn.lock
```

项目根目录下存在 yarn.lock 文件，表明该项目的依赖包是通过 Yarn 进行管理的，那么需要确保本机安装了 Yarn 包管理工具。若没有安装，请参照第 9 章内容安装。

从项目根目录下的 package.json 文件中查找项目启动命令。该文件中的 scripts 字段如下所示。

```
"scripts": {
    "serve": "vue-cli-service serve",
    "build": "vue-cli-service build",
    "lint": "vue-cli-service lint"
},
```

其中，serve 命令的值为 vue-cli-service serve，则表示启动命令为 serve。通过启动命令启动项目。

```
npm run serve
```

10.2.2　项目目录

10.2.2　项目
目录

为了方便后续的开发，下面对项目的主要目录结构进行说明，具体如下。

public：存放公共文件。

src/assets：存放资源文件，如图片。

src/components：存放自定义组件。

src/router/index.js：存放路由配置文件。

src/views：存放页面级组件。

src/App.vue：存放项目的主组件，页面入口文件。

src/main.js：存放项目的入口文件。

10.2.3　资源准备

1. 安装 Vant 组件库

10.2.3　安装
Vant 组件库

Vant 4 是一套基于 Vue 3 的 UI 组件库，具有优秀的视觉设计，可以提供良好的交互体验，适用于移动端页面的开发。该组件库提供了丰富且功能强大的组件，如 Button（按钮）、Form（表单）、Picker（选择器）、Field（文本框）、Tree（树形控件）、TimePicker（时间选择器）等组件。登录 Vant 4 官方网站，即可查看各个组件的典型案例和使用说明，如图 10-11 所示。

图 10-11　Vant 4 组件库

在 student-vol 目录下，安装 Vant 4，安装命令如下。

```
yarn add vant
```

安装成功后，在 src/main.js 文件中引入项目所需要的组件和样式文件，并在 Vue.js 实例上注册组件，如下所示。

```
00    import { createApp } from 'vue'
01    // 1. 引入你需要的组件
```

```
02    import { Picker, Popup, Field, DatePicker,
03       CellGroup, Uploader, Button, List, Tag
04    } from 'vant';
05    // 2. 引入组件库样式文件
06    import 'vant/lib/index.css';
07    import App from './App.vue'
08    import router from './router'
09
10    createApp(App)
11       .use(router)
12       .use(Picker)
13       .use(Popup)
14       .use(Field)
15       .use(DatePicker)
16       .use(CellGroup)
17       .use(Uploader)
18       .use(Button)
19       .use(List)
20       .use(Tag)
21       .mount('#app')
```

【代码说明】

第 02 行~04 行代码为从 Vant 组件库中引入项目需要用到的 Picker、Popup、Field 等组件。

第 06 行代码引入 Vant 组件库样式文件。

第 11 行~20 行代码注册项目需要使用的组件。

项目成功引入、注册需要使用的组件后，这些组件可在组件文件中使用，比如 Tag（标签）组件，
代码如下。

```
<van-tag type="primary">标签</van-tag>
```

2. 安装 Axios 网络请求库

10.2.3 安装
Axios 网络请求库

Axios 是一个基于 promise 的网络请求库，可用于在浏览器中向服务器发送
AJAX 请求。安装命令如下。

```
yarn add axios
```

安装完成后，可尝试在 src/App.vue 中发送网络请求，示例代码如下。

```
01    <script>
02    import axios from 'axios';
03
04    export default {
05      mounted() {
06        axios.get('/user', { params: { id: 1 } })
07          .then(function (res) {
08            console.log(res);
09          });
10
11        axios.post('/addUser', { name: '张三', age: 18 })
12          .then(function (res) {
13            console.log(res.data);
14          });
15      }
```

```
16    }
17  </script>
```

上述代码发送了两种请求（get、post），并在 then 方法中处理服务器返回的响应。

10.2.4　Mock 数据

10.2.4　Mock 数据

Mock 数据模拟后台数据，使得该项目可以独立于后端进行开发。通过项目中的 vue.config.js 文件可以实现 Mock 数据。下面通过一个例子演示。

（1）项目根目录下创建 mock/data.json 文件，具体内容如下。

```
01  {
02    "error": 0,
03    "data": [{
04      "id": 1,
05      "name": "张三",
06      "age": 18
07    }, {
08      "id": 2,
09      "name": "李四",
10      "age": 19
11    }],
12    "msg": "success"
13  }
```

（2）更改根目录下的 vue.config.js 文件，具体代码如下。

```
01  const { defineConfig } = require('@vue/cli-service')
02  module.exports = defineConfig({
03    transpileDependencies: true,
04    devServer: {
05      onAfterSetupMiddleware: function (devServer) {
06        if (!devServer) {
07          throw new Error('webpack-dev-server is not defined');
08        }
09
10        devServer.app.get('/api/studentList', function (req, res) {
11          res.json(require('./mock/data.json'));
12        });
13      }
14    }
15  })
```

【代码说明】

第 04 行～14 行代码通过 devServer 的 onAfterSetupMiddleware 函数来实现本地请求的拦截和数据返回。

第 10 行代码通过 devServer.app.get 监听 get 请求，第一个参数为请求路径，第二个参数（函数）为处理请求函数。在处理请求函数中，使用 require 加载 JSON 文件中的数据，然后通过 res.json 将加载所得的数据返回给请求。

（3）在 src/App.vue 文件中发送 AJAX 请求，添加如下代码。

```
01    <script>
02    import axios from 'axios';
03
04    export default {
05      mounted() {
06        axios.get('/api/studentList', { params: { id: 1 } })
07          .then(function (res) {
08            console.log(res);
09          });
10      }
11    }
12    </script>
```

【代码说明】

第 05 行~10 行代码为在钩子函数 mounted 中，通过 axios 发送 get 类型的网络请求。

接着，项目重新启动后，在浏览器中访问 http://localhost:8080，打开"开发者工具"，切换到 Network 菜单下，src/App.vue 文件发送的 get 请求得到的 Mock 数据如图 10-12 所示。

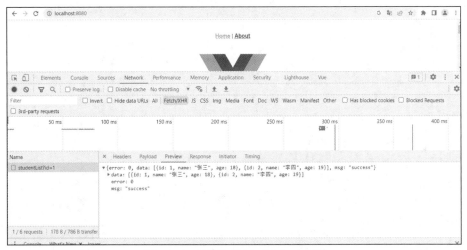

图 10-12　网络请求所得的 Mock 数据

10.3　项目功能开发

"大学生志愿者服务"项目主要涉及首页、个人信息维护、活动列表、活动详情、我的报名、积分排名、服务记录上传、服务记录列表、服务详情等页面的功能开发。本节将对各个功能页面的部分内容进行讲解，所涉及的部分 JavaScript 代码及所有样式代码，可参考本书附带的电子资料。

10.3.1　页面入口

App.vue 为页面入口文件，定义了项目的根组件。本项目是一个单页面应用，当访问不同的页面时，并不会重新加载整个页面，而是更新根组件中展示的内容，也就是在根组件中切换要展示的子组件。所以需要在 App.vue 文件中插入路由子组件，并且配置相关路由。

1. 路由配置

在创建项目时，由于选择了 router 预设，创建的项目将自动下载 Vue Router，并且生成路由管理文件 src/router/index.js，用户根据项目需要添加路由配置即可。

在路由管理文件中引入多个页面级组件，并配置相关路由。具体代码如下。

```
00    import { createRouter, createWebHistory } from 'vue-router';
01    import HomeView from '../views/HomeView.vue'; // 首页
02    import UserCenter from '../views/UserCenter.vue'; // 个人信息维护页面
03    import LoveReport from '../views/LoveReport.vue'; // 爱心报表页面
04    import LoveActs from '../views/LoveActs.vue';  // 活动列表页面
05    import UploadService from '../views/UploadService'; // 服务记录上传页面
06    import ServiceRecords from '../views/ServiceRecords';  // 服务记录列表页面
07    import MyApply from '../views/MyApply';  // 我的报名页面
08    import ActDetails from '../views/ActDetails';  // 活动详情页面
09    import ServiceDetail from '../views/ServiceDetail';  // 服务详情页面
10
11    const routes = [
12      {
13        path: '/',
14        name: 'home',
15        component: HomeView
16      },
17      {
18        path: '/userCenter',
19        name: 'userCenter',
20        component: UserCenter
21      },
22      {
23        path: '/loveReport',
24        name: 'loveReport',
25        component: LoveReport
26      },
27      {
28        path: '/loveActs',
29        name: 'loveActs',
30        component: LoveActs
31      },
32      {
33        path: '/uploadService',
34        name: 'uploadService',
35        component: UploadService
36      },
37      {
38        path: '/serviceRecords',
39        name: 'serviceRecords',
40        component: ServiceRecords
41      },
42      {
43        path: '/myApply',
44        name: 'myApply',
45        component: MyApply
```

```
46      },
47      {
48        path: '/actDetails',
49        name: 'actDetails',
50        component: ActDetails
51      },
52      {
53        path: '/serviceDetail',
54        name: 'serviceDetail',
55        component: ServiceDetail
56      }
57    ]
58
59    const router = createRouter({
60      history: createWebHistory(process.env.BASE_URL),
61      routes
62    })
63
64    export default router
```

【代码说明】

第 01 行～09 行代码从 src 下的 views 目录引入各个页面级组件。

第 11 行～57 行代码定义了配置路由规则的数组 routes，指定了各个功能页面的链接地址（path）和对应的组件（component）。

2. 根组件

App.vue 文件代码如下所示。

```
00    <template>
01      <router-view />
02    </template>
```

【代码说明】

第 01 行代码插入 Vue Router 提供的 router-view 组件，根据路由管理文件中配置的路由规则，展示对应的组件。

10.3.2　首页

首页由顶部的个人信息、中间的功能页面入口、底部的活动列表构成，如图 10-2 所示。在 src 文件夹内的 views 子文件夹下创建 HomeView.vue，其部分核心代码如下所示。

10.3.2　首页

（1）HomeView.vue 文件中的 template：

```
00    <div class="home">
01        <!--顶部的个人信息-->
02        <div class="header">
03            <h1>大学生志愿者活动</h1>
04            <User :user="userInfo"></User>
05        </div>
06        <!--中间的功能页面入口-->
07        <Navs></Navs>
```

```
08          <!--底部的活动列表-->
09          <div class="list">
10            <div class="list-header">
11              <p>志愿活动</p>
12              <p class="list-more" @click="goMoreActs">
13                查看更多
14                <img src="../assets/more.png" />
15              </p>
16            </div>
17            <div class="actList">
18              <ActItem
19                v-for="item in actList"
20                :key="item.id"
21                :data="item"
22                @click="goMoreActs"
23              >
24              </ActItem>
25            </div>
26          </div>
27        </div>
```

【代码说明】

第 04 行代码插入了 User（个人信息）组件。

第 07 行代码插入了 Navs（功能页面入口）组件。

第 12 行代码绑定了单击事件处理方法 goMoreActs，当单击"查看更多"时，则跳转至活动列表页面。

第 18 行~23 行代码为在 ActItem 组件（展示单条活动的组件）上使用 v-for 内置指令，渲染活动列表。

HomeView.vue 所涉及的组件在 src 文件夹的 components 子文件夹下创建。

（2）HomeView.vue 的 JavaScript 关键代码如下所示。

```
00    export default {
01      //...
02      data() {
03        return {
04          actList: [],
05          userInfo: {}
06        }
07      },
08      methods: {
09        goMoreActs() {
10          this.$router.push('/loveActs');
11        },
12        fetchUserInfo() {
13          const that = this;
14
15          axios.get('/api/userInfo')
16            .then(function (response) {
17              const { error, data = {} } = response.data;
18
```

```
19                     if (error === 0) {
20                         that.userInfo = {
21                             avatar: data.avatar,
22                             name: data.name
23                         }
24                     }
25                 })
26         },
27         fetchActList() { ... }
28     },
29     mounted() {
30         this.fetchUserInfo();
31         this.fetchActList();
32     },
33 }
```

【代码说明】

第 09 行~11 行代码定义方法 goMoreActs，通过 router 实例的 push 方法，跳转至个人信息维护页面。

第 12 行~26 行代码定义方法 fetchUserInfo，使用 axios 向后端发送 get 请求，获取个人信息。

第 27 行代码定义方法 fetchActList，获取活动列表，该方法在 10.3.5 小节将会详解，此处不解释。

第 29 行~32 行代码为在 mounted 钩子函数中，调用 fetchUserInfo 和 fetchActList 方法，向后端请求页面需要展示的数据。

10.3.3　个人信息维护

个人信息维护页面由表单、按钮构成，如图 10-3 所示。该页面加载后，向后端发送 get 请求，获取个人信息，用户更新个人信息后，通过"提交"按钮向后端发送 post 请求，提交更新后的个人信息。

10.3.3　个人信息维护

在 src 文件夹内的 views 子文件夹下创建 UserCenter.vue，代码如下所示。

（1）UserCenter.vue 文件中 template 关键代码如下所示。

```
00 <div class="container">
01     <div class="inner">
02         <h1>个人信息</h1>
03         <ul>
04             //...
05             <li>
06                 <p class="label"><span>*</span>人员属性</p>
07                 <div class="userTypeList">
08                     <span
09                         :class="{ active: userType === 0 }"
10                         @click="changeUserType(0)"
11                     >
12                         群众
13                     </span>
14                     <span
15                         :class="{ active: userType === 1 }"
```

```
16                        @click="changeUserType(1)"
17                      >
18                         团员
19                      </span>
20                      <span
21                        :class="{ active: userType === 2 }"
22                        @click="changeUserType(2)"
23                      >
24                         党员
25                      </span>
26                    </div>
27                  </li>
28              </ul>
29          <button class="subBtn" @click="submitClick">
30              提交
31          </button>
32        </div>
33  </div>
```

【代码说明】

第 09 行代码动态绑定样式类，由于 userType 的值为 0，元素添加 active 样式类，使得元素处于高亮状态，表示选中了当前人员属性。

第 10 行代码绑定单击事件的处理函数为 changeUserType，并传递参数 0，该函数将根据参数更新 uerType 的值。

（2）UserCenter.vue 文件中 JavaScript 关键代码如下所示。

```
00  import axios from 'axios';
01  import {
02      showToast, showSuccessToast, showFailToast
03  } from 'vant';
04
05  export default {
06      //...
07      methods: {
08          changeUserType(value) {
09              this.userType = value;
10          },
11          fetchUserInfo() { ... },
12          check() {
13            var phoneNum = this.phoneNum.trim();
14            var school = this.school.trim();
15            var profession = this.profession.trim();
16
17            if (phoneNum === '') {
18                showToast("手机号不可为空");
19                return;
20            }
21
22            if (school === '') {
23                showToast("学校不可为空");
24                return;
25            }
26
```

```
27          if (profession === '') {
28              showToast("专业不可为空");
29              return;
30          }
31          const payload = {
32              name: this.name,
33              code: this.code,
34              gender: this.gender,
35              phoneNum,
36              school,
37              profession,
38              userType: this.userType
39          };
40
41          return payload;
42        },
43      submitClick() {
44          const payload = this.check();
45
46          if (!payload) {
47              return;
48          }
49
50          axios.post('/api/userInfo/submit', payload)
51            .then(function (response) {
52                const { error, msg } = response.data;
53
54                if (error === 0) {
55                    showSuccessToast('操作成功')
56                } else {
57                    showFailToast(msg || '网络错误，请稍后重试');
58                }
59            })
60      }
61    },
62    mounted() {
63      this.fetchUsrInfo();
64    }
65  }
```

【代码说明】

第 00 行代码获取 axios。

第 01 行～03 行代码获取 Vant 库提供的辅助函数，通过辅助函数可以快速唤起全局的 Toast 组件，用于消息通知。

第 08 行～10 行代码定义了单击事件处理方法 changeUserType，根据接收到的参数更新 userType（当前人员属性）。

第 12 行～42 行代码定义了方法 check 对表单中所有的输入进行校验，并通过对象集合所有的数据。

第 43 行～60 行代码定义了单击事件处理方法 submitClick，该方法首先调用 check 方法对数据进行校验，并获取合法的数据集合，通过 axios 向后端发送 post 请求，提交更新的数据。

10.3.4 积分排名

10.3.4 积分排名

积分排名页面由顶部的切换按钮、中间的积分和排名总览、下方的服务标兵排行榜构成，如图 10-4 所示。该页面根据当前选中的积分类型（总积分、年度积分）向后端发送 get 请求，获取用户的积分和排名，以及前 10 名的服务标兵列表。

在 src 文件夹内的 views 子文件夹下创建 LoveReport.vue，代码如下所示。

（1）LoveReport.vue 文件中 template 关键代码如下所示。

```
00    <div class="container">
01        <div class="tabs">
02            <!--积分类型切换-->
03        </div>
04        <div class="dataList">
05            <!--积分、排名总览-->
06        </div>
07        <div class="rank">
08            <div class="rank-hd">
09                <p class="rank-title">本校本年级服务标兵</p>
10                <p class="rank-range">1200 人参与排名</p>
11            </div>
12            <ul class="rank-list">
13                <li v-for="(item, idx) in dataList" :key="item.id">
14                    <!--标兵排名信息-->
15                </li>
16            </ul>
17        </div>
18    </div>
```

【代码说明】

第 13 行~15 行代码通过 v-for 内置指令，渲染服务标兵排行榜。

（2）LoveReport.vue 文件中 JavaScript 关键代码如下所示。

```
00    import axios from 'axios';
01
02    export default {
03        data() {
04            return {
05                curTab: 0, // 0：总积分，1：年度积分
06                //... 其他数据，省略
07            }
08        },
09        methods: {
10            tabClick(value) {
11                this.curTab = Number(value);
12                this.fetchOverview();
13                this.fetchRankList();
14            },
15            fetchOverview() { ... },
16            fetchRankList() { ... }
```

```
17        },
18        mounted() {
19            this.fetchOverview();
20            this.fetchRankList();
21        }
22    }
```

【代码说明】

第 05 行代码中，curTab 表示当前选择的积分按钮，0 表示当前选中的是总积分，1 表示当前选中的是年度积分。

第 10 行～14 行代码定义单击事件处理方法 tabClick，根据接收到的参数更新 curTab，并且调用 fetchOverview、fetchRankList 方法分别获取用户的积分和排名，以及前 10 名的服务标兵列表。

第 18 行～21 行代码中，mounted 钩子函数用于获取页面初始化的数据。

10.3.5　活动列表

活动列表页面由顶部的搜索框、下方的活动列表构成，如图 10-5 所示。根据搜索的关键字（可以为空）向后端发送 get 请求，获取活动列表，当页面上拉时，可加载更多活动列表数据。

10.3.5　活动列表

在 src 文件夹内的 views 子文件夹下创建 LoveActs.vue，代码如下所示。

（1）LoveActs.vue 文件中 template 关键代码如下所示。

```
00    <div class="container">
01      <div class="searchBox">
02        <div class="search">
03          <span class="search-icon"></span>
04          <input
05              placeholder="请输入地点、活动名称等关键字"
06              v-model="keyword"
07          />
08        </div>
09      </div>
10
11      <div class="body">
12        <van-list
13          v-model:loading="loading"
14          :finished="finished"
15          finished-text="没有更多了"
16          @load="onLoad"
17        >
18          <ActItem
19            v-for="item in actList"
20            :key="item.id"
21            :data="item"
22            @goDetails="goDetails"
23          >
24          </ActItem>
25        </van-list>
26      </div>
27      <button class="fBtn" @click="goMyApply">
```

```
28              我的报名
29          </button>
30      </div>
```

【代码说明】

第 06 行代码通过 v-model 内置指令，实现输入关键字的双向数据绑定。

第 12 行～25 行代码插入 Vant 提供的 List 组件，实现瀑布流滚动加载，并展示长列表，当列表即将滚动到底部时，会触发事件并加载更多列表项。

第 18 行～24 行代码通过 v-for 内置指令，并结合自定义的 ActItem 组件，渲染活动列表。

（2）LoveActs.vue 文件中 JavaScript 关键代码如下所示。

```
00      export default {
01          //...
02          data() {
03              return {
04                  actList: [],    // 活动列表
05                  loading: false,  // 加载状态
06                  finished: false,  // 是否完成加载
07                  currentPage: 1,  // 当前页数
08                  keyword: ''      // 搜索关键字
09              }
10          },
11          methods: {
12              fetchActList(currentPage = 1) {
13                  const that = this;
14
15                  const payload = {
16                      currentPage,
17                      pageSize: 10,
18                      keyword: this.keyword
19                  };
20
21                  // 请求数据时，处于加载状态
22                  this.loading = true;
23
24                  axios.get('/api/actList', { params: payload })
25                      .then(function (response) {
26                          const { error, data = {} } = response.data;
27
28                          if (error === 0) {
29                              const currentPage = data.current;
30                              const list = data.list;
31
32                              // 当前为第一页，则覆盖已有的活动列表
33                              if (currentPage === 1) {
34                                  that.actList = list;
35                              } else {
36                                  // 在已有的活动列表后添加新的数据
37                                  that.actList.push(...list);
38                              }
```

```
39
40                         that.currentPage = currentPage;
41                         // 当前数据的页数等于总页数，则说明没有更多数据了
42                         that.finished = data.pageCount === currentPage;
43                     }
44                 })
45                 .finally(function () {
46                     // 请求结束后，处于非加载状态
47                     that.loading = false;
48                 })
49         },
50         onLoad() {
51             this.fetchActList(this.currentPage + 1);
52         },
53         goMyApply() {
54             this.$router.push('/myApply');
55         },
56         goDetails(id) {
57             this.$router.push('/actDetails?id=' + id);
58         }
59     },
60     watch: {
61         keyword() {
62             this.curentPage = 1;
63             this.fetchActList(1);
64         }
65     },
66     mounted() {
67         this.fetchActList(1);
68     }
69 }
```

【代码说明】

第 12 行～49 行代码定义的方法 fetchActList 根据接收到的参数（当前页数）获取活动列表。其中，第 45 行代码添加了 finally 方法，保证无论出现什么情况，都将加载状态设置为 false，避免出现 loading 死锁。

第 50 行～52 行代码定义的方法 onLoad 作为属性传递给 List 组件，用于上拉列表时请求更多数据。

第 53 行～55 行代码定义的方法 goMyApply 用于跳转至用户申请的活动列表页面。

第 56 行～58 行代码定义的方法 goDetails 根据接收的参数 id，跳转至该活动 id 对应的活动详情页面。该方法传递给 ActItem 组件使用。

第 60 行～65 行代码监听 keyword 搜索关键字的输入，若用户输入的搜索关键字变化，则请求第一页活动列表数据。

10.3.6 活动详情

活动详情展示了活动的具体信息，若用户申请了该活动，并且处于审核状态，底部展示"撤销申请"按钮；如果用户尚未申请该活动，则底部展示"立即报名"

10.3.6 活动详情

按钮，如图 10-6 所示。页面根据链接的参数（活动的 id）向后端发送 get 请求，来获取活动详情数据。

在 src 文件夹内的 views 子文件夹下创建 ActDetails.vue，代码如下所示。

（1）ActDetails.vue 文件中 template 关键代码如下所示。

```
00    <div class="container">
01      <div class="head">
02        <!--头部的标题、标签-->
03      </div>
04      <div class="dataItem">
05        <span class="label">活动时间</span>
06        <p>
07          {{ formatDate(data.startTime) }} - {{ formatDate(data.endTime) }}
08        </p>
09      </div>
10      <!--其他信息-->
11      //...
12      <button
13        class="fBtn"
14        v-if="[2,3].indexOf(data.applyStatus) === -1"
15        @click="applyClick"
16      >
17        {{ data.applyStatus === 1 ? '撤销申请' : '立即报名' }}
18      </button>
19    </div>
```

【代码说明】

第 07 行代码调用 formatDate 方法，将 13 位时间戳转换成特定格式的时间。

第 12 行~18 行代码通过 v-if 内置指令，根据活动的申请状态，决定按钮的可见性，如果活动申请状态为通过或者拒绝，则不展示该按钮。其中，第 17 行代码表示如果用户申请了该活动，则按钮文本为"撤销申请"，反之为"立即报名"。

（2）ActDetails.vue 文件中 JavaScript 关键代码如下所示。

```
00    //...
01    import axios from 'axios';
02    import moment from 'moment';
03
04    export default {
05      //...
06      methods: {
07        //...
08        formatDate(value) {
09          return value ? moment(value).format('YYYY-MM-DD hh:mm') : '--'
10        },
11        fetchDetails() {
12          const that = this;
13
14          const payload = { id: this.$route.query.id };
15
16          axios.get('/api/actDetails/details', {
17            params: payload
18          }).then(function (response) {
19            const { error, data = {} } = response.data;
```

```
20
21                    if (error === 0) {
22                        that.data = data.details || {};
23                    }
24                })
25            },
26            applyClick() { ... }
27        },
28        mounted() {
29            this.fetchDetails();
30        }
31    }
```

【代码说明】

第 08 行～10 行代码定义的方法 formatDate 是 moment 库提供的方法，将 13 位时间戳转换成特定格式的时间。

第 11 行～25 行代码定义的方法 fetchDetails 根据链接地址中的 query 查询参数 id，获取活动详情数据。

第 26 行代码定义的方法 applyClick 为页面底部按钮的单击事件处理方法。

10.3.7 我的报名

我的报名页面由选项卡、用户报名的活动列表构成，如图 10-7 所示。根据选项卡的切换，向后端发送 get 请求，获取对应的活动列表，当页面上拉时，可加载更多活动列表数据。

10.3.7 我的报名

在 src 文件夹内的 views 子文件夹下创建 MyApply.vue，代码如下所示。

（1）MyApply.vue 文件中 template 关键代码如下所示。

```
00    <div class="container">
01      <ul class="tabList">
02        <li @click="tabClick(0)">
03          <span :class="curTab === 0 ? 'active' : ''">
04                全部
05          </span>
06        </li>
07        <!--其他选项卡-->
08        //...
09      </ul>
10      <div class="list">
11        <van-list
12            v-model:loading="loading"
13            :finished="finished"
14            finished-text="没有更多了"
15            @load="onLoad"
16        >
17          <ActItem
18            v-for="item in actList"
19            :key="item.id"
20            :data="item"
```

```
21                    @goDetails="goDetails"
22                >
23                </ActItem>
24            </van-list>
25        </div>
26    </div>
```

【代码说明】

第 02 行～06 行代码绑定了标签的单击事件，并且动态控制了激活状态下的样式。

第 11 行～24 行代码插入 Vant 提供的 List 组件，实现瀑布流滚动加载，并展示长列表，当列表即将滚动到底部时，会触发事件并加载更多列表项。

第 17 行～23 行代码通过 v-for 内置指令，并结合自定义的 ActItem 组件，渲染活动列表。

（2）MyApply.vue 文件中 JavaScript 关键代码如下所示。

```
00    export default {
01        //...
02        methods: {
03            tabClick(value) {
04                this.curTab = value;
05                this.currentPage = 1;
06                this.fetchApplyList(1);
07            },
08            fetchApplyList(currentPage = 1) { ... },
09            onLoad() {
10                this.fetchApplyList(this.currentPage + 1);
11            },
12            goDetails(id) {
13                this.$router.push('/actDetails?id=' + id);
14            }
15        },
16        mounted() {
17            this.fetchApplyList(1);
18        }
19    }
```

【代码说明】

第 03 行～07 行代码定义的单击事件处理方法 tabClick 在标签被单击时被执行，根据接收到的参数（标签的 id，也就是活动申请状态）更新 curTab（当前激活状态标签 id），重置 currentPage（当前页数），获取参与的活动列表。

第 08 行代码定义的方法 fetchApplyList 用于获取申请的活动列表。

第 09 行～11 行代码定义的方法 onLoad 作为属性传递给 List 组件，用于上拉列表时请求更多数据。

第 12 行～14 行代码定义的方法 goDetails 根据接收的参数 id，跳转至该活动 id 对应的活动详情页面。该方法传递给 ActItem 组件使用。

10.3.8　服务记录上传

10.3.8　服务记录上传

服务记录上传页面由表单、按钮构成，如图 10-8 所示，其中，活动来源、服务时间、服务时长的交互效果如图 10-13 至图 10-15 所示。在该页面中，用户填写个人参与志愿者活动的信息后，通过"提交"按钮向后端发送 post 请求来上传活动参与详情。

在 src 文件夹内的 views 子文件夹下创建 UploadService.vue，代码如下所示。

（1）UploadService.vue 文件中 template 关键代码如下所示。

```
00    <div class="frm">
01      <van-field
02        v-model="pushlisher.text"
03        is-link
04        readonly
05        label="活动来源"
06        placeholder="请选择活动来源"
07        @click="fieldCLick(0)"
08      />
09      <!--服务时间、服务时长、服务内容-->
10      //...
11      <van-uploader
12        v-model="fileList"
13        multiple
14        max-count="2"
15        :upload-text="uploadTxt"
16        image-fit="cover"
17        style="padding: 10px"
18      />
19    </div>
20    <van-popup
21      v-model:show="showPicker"
22      round
23      position="bottom"
24    >
25      <van-picker
26        :columns="columns"
27        @cancel="pickerCancel"
28        @confirm="pickerConfirm"
29      />
30    </van-popup>
31    <van-popup
32      v-model:show="showDatePicker"
33      round position="bottom"
34    >
35      <van-date-picker
36        v-model="currentDate"
37        title="选择日期"
38        :min-date="minDate"
39        :max-date="maxDate"
40        @cancel="pickerCancel" @confirm="pickerConfirm"
41      />
42    </van-popup>
```

【代码说明】

第 01 行～08 行代码使用 Vant 提供的 Field 组件，设置（is-link）文本框展示右侧箭头并开启单击反馈。当单击文本框时，将唤起活动来源选择框，如图 10-13 所示。

第 11 行～18 行代码使用 Vant 提供的 Uploader 文件上传组件，将本地的图片或文件上传至服务器，并在上传过程中展示预览图。

第 20 行～29 行代码使用 Vant 提供的 Popup 组件和 Picker 组件，辅助表单中活动来源、服务时长数据的填写，效果如图 10-13、图 10-15 所示。

第 31 行～42 行代码使用 Vant 提供的 Popup 组件和 DatePicker 组件，辅助表单中服务时间数据的填写，效果如图 10-14 所示。

图 10-13　活动来源

图 10-14　服务时间

图 10-15　服务时长

（2）UploadService.vue 文件中 JavaScript 关键代码如下所示。

```
00    import { showToast, showSuccessToast, showFailToast } from 'vant';
01    import axios from 'axios';
02
03    // 返回日期选择器（默认选中当天），以及设置日期选择器的选择范围
04    function dateRange() {  }
05
06    var publisherList = []; // 活动来源列表
07    var durationList = [];   // 服务时长列表
08
09    export default {
10      //...
11      computed: {
12        showPicker() {
13          return this.pickerId === 0 || this.pickerId === 2;
14        },
15        showDatePicker() {
16          return this.pickerId === 1;
17        },
18        uploadTxt() {
19          const length = this.fileList.length;
```

```
20
21              return '添加照片' + length + '/2';
22          },
23      },
24      methods: {
25          fieldClick(value) {
26              this.pickerId = value;
27
28              if (value === 0) {
29                  this.columns = publisherList;
30              } else if (value === 2) {
31                  this.columns = durationList;
32              }
33          },
34          pickerCancel() {
35              this.pickerId = null;
36          },
37          pickerConfirm({ selectedValues, selectedOptions }) {...},
38          fetchPublisherlist() {...},
39          fetchDurations() {...},
40          submit() {...}
41      },
42      created() {
43          const { currentDate, minDate, maxDate } = dateRange();
44
45          this.currentDate = currentDate;// 设置当前日期
46          this.minDate = minDate; // 设置日期选择器的最小日期
47          this.maxDate = maxDate; // 设置日期选择器的最大日期
48
49          this.fetchDurations(); // 获取服务时长列表
50          this.fetchPublisherlist(); // 获取活动来源列表
51      }
52  };
```

【代码说明】

第 12 行～14 行代码为根据 pickerId（0 表示活动来源、2 表示服务时长），计算出 showPicker 的值，该数据控制活动来源、服务时长对应的选择框。

第 15 行～17 行代码为根据 pickerId（1 表示服务时间），计算出 showDatePicker 的值，该数据控制日期选择框。

第 18 行～22 行代码为根据 fileList（存储图片文件链接的列表），返回得出当前上传图片数量的文案。

第 25 行～33 行代码定义的方法 fieldClick 根据接收到的参数更新 pickerId，并且给 columns 赋值。

第 34 行～36 行代码定义的方法 pickerCancel 将 pickerId 重置为空，该方法用于弹出框的取消操作。

第 37 行代码定义的方法 pickerConfirm 用于弹出框的确认操作。

第 38 行代码定义的方法 fetchPublisherlist 用于获取活动来源列表。

第 39 行代码定义的方法 fetchDurations 用于获取服务时长列表。

第 40 行代码定义的方法 submit 用于提交用户输入的信息，将服务记录上传至后端。

10.3.9　服务记录列表

服务记录列表页面效果如图 10-9 所示。用户选择不同的年份后，页面将向后端发送 post 请求，来获取对应的数据，并更新页面内容。

在 src 文件夹内的 views 子文件夹下创建 ServiceRecords.vue，代码如下所示。

10.3.9　服务记录列表

（1）ServiceRecords.vue 文件中 template 关键代码如下所示。

```
00    <div>
01      <div class="header">
02        <User
03          @updateYear="updateYear"
04          :date="year"
05          :dateList="dateList"
06        >
07        </User>
08      </div>
09      <div class="overview">
10        <Overview :year="year.value"></Overview>
11      </div>
12      <van-list
13        v-model:loading="loading"
14        :finished="finished"
15        finished-text="没有更多了"
16        @load="onLoad"
17      >
18        <RecordItem
19          v-for="item in dataList"
20          :key="item.id"
21          :data="item"
22          @goDetails="goDetails"
23        >
24        </RecordItem>
25      </van-list>
26    </div>
```

【代码说明】

第 02 行～07 行代码插入自定义组件 User，该组件包含个人信息、日期选择等数据。

第 10 行代码插入自定义组件 Overview，该组件包含服务次数、服务时长、服务积分等数据。

第 12 行～25 行代码插入 Vant 提供的 List 组件，实现瀑布流滚动加载，并展示长列表，当列表即将滚动到底部时，会触发事件并加载更多列表项。

（2）ServiceRecords.vue 文件中 JavaScript 关键代码如下所示。

```
00    export default {
01      //...
02      data() {
03        return {
04          dataList: [], // 服务记录列表
05          loading: false, // 列表加载状态
06          finished: false,  // 列表是否加载完成
```

```
07              curentPage: 1,    // 当前页数
08              year: {},    // 当前选择的年份
09              dateList: []    //日期列表
10          }
11      },
12      methods: {
13          fetchYearList() {
14              const that = this;
15
16              axios.get('/api/service/yearList')
17                  .then(function (response) {
18                      const { error, data = {} } = response.data;
19
20                      if (error === 0) {
21                          const list = data.list || [];
22                          that.dateList = list;
23                          that.year = list[list.length-1];
24                      }
25                  })
26          },
27          fetchServiceRecords(currentPage = 1) {...},
28          onLoad() {
29              if (!this.currentPage) {
30                  return;
31              }
32              this.fetchServiceRecords(this.currentPage + 1);
33          },
34          goDetails(id) {
35              this.$router.push('/serviceDetail?id=' + id);
36          },
37          updateYear(yearValue) {
38              this.year = yearValue;
39          }
40      },
41      watch: {
42          year() {
43              this.fetchServiceRecords(1);
44          }
45      },
46      mounted() {
47          this.fetchYearList();
48      }
49  }
```

【代码说明】

第 13 行~26 行代码定义的方法 fetchYearList 用于获取可选的日期列表,并且使用列表中最后一条数据初始化日期选择框的值。

第 27 行代码定义的方法 fetchServiceRecords 用于获取服务记录列表。

第 28 行~33 行代码定义的方法 onLoad 传递给 List 组件,用于上拉页面时加载更多数据。

第 34 行~36 行代码定义的方法 goDetails 传递给 RecordItem 组件,用于实现跳转至单条服务记录的详情页面。

第 37 行～39 行代码定义的方法 updateYear 传递给 User 组件，当日期选择变化时，将会调用该方法，从而更新 year，使得页面重新请求相应日期的数据。

第 42 行～44 行代码侦听 year，一旦 year 发生变化，将重新请求服务记录列表数据。

10.3.10 服务记录详情

10.3.10 服务记录详情

服务记录详情页面效果如图 10-10 所示。页面根据链接的参数（活动的 id）向后端发送 get 请求，来获取服务记录详情数据。

在 src 文件夹内的 views 子文件夹下创建 ServiceDetail.vue，代码如下所示。

ServiceDetail.vue 文件中 JavaScript 关键代码如下所示。

```
00    import axios from 'axios';
01    import moment from 'moment';
02
03    export default {
04        //...
05        methods: {
06            formatDate(value) {
07                return value ? moment(value).format('YYYY-MM-DD HH:mm') : '--'
08            },
09            formatDay(value) {
10                return value ? moment(value).format('YYYY-MM-DD') : '--'
11            },
12            fetchDetails() {...},
13        },
14        mounted() {
15            this.fetchDetails();
16        }
17    }
```

【代码说明】

第 06 行～08 行代码定义的方法 formatDate 将 13 位时间戳转换成特定的时间格式，如"2023-03-13 17:00"。

第 09 行～11 行代码定义的方法 formatDay 将 13 位时间戳转换成特定的时间格式，如"2023-03-13"。

第 12 行代码定义的方法 fetchDetails 用于获取服务记录详情数据。

本章小结

本章通过"大学生志愿者服务"项目的开发，对 Vant 4、Axios、Moment、Vue Router 等前端组件库和插件进行了综合运用。为了模拟真实的开发场景，在前、后端分离模式下，前端通过 Mock 数据提供了页面数据，从而独立于后端也能实现页面的数据交互。